Die Drei Strategien des Herrn vom Gelben Stein

Würzburger Sino-Japonica

herausgegeben von
Professor Dr. Hans Steininger

Band 11

Verlag Peter Lang
FRANKFURT AM MAIN · BERN

Hans-Hermann Schmidt

Die Drei Strategien des Herrn vom Gelben Stein

Huang-shih kung San-lüeh

Verlag Peter Lang
FRANKFURT AM MAIN · BERN

CIP-Kurztitelaufnahme der Deutschen Bibliothek

Schmidt, Hans-Hermann:

Die Drei Strategien des Herrn vom Gelben Stein =
Huang-shih kung San-lüeh / Hans-Hermann Schmidt. -
Frankfurt am Main ; Bern : Lang, 1983.
(Würzburger Sino-Japonica ; Bd. 11)
Einheitssacht. d. kommentierten Werkes:
Huang-shih kung San-lüeh <dt.>
ISBN 3-8204-7585-0
NE: Die Drei Strategien des Herrn vom Gelben
Stein; EST d. kommentierten Werkes; GT

ISSN 0170-9453
ISBN 3-8204-7585-0

Ich danke meinen verehrten Lehrern, Herrn Prof. Dr. Hans Steininger, der meine Arbeit mit anregender Kritik überwachte, und Herrn Yünam Kwok, der mir half, zahlreiche Schwierigkeiten im Text zu lösen.

Mein besonderer Dank gebührt auch Herrn Prof. Piet van der Loon, Oxford, der mich bei dieser Arbeit unterstützte.

Nicht zuletzt danke ich Herrn Dr. Lennart Frantzell für seine Anregungen, und Herrn Dr. Balmforth, der mir seine Dissertation zugänglich gemacht hat.

INHALTSVERZEICHNIS

EINFÜHRUNG

"Als (Chang) Liang (1) eines Tages über die Brücke bei Hsia-p'ei (2) spazierte, war da ein ehrwürdiger Alter in härenem Gewande. Er trat auf Liang zu, ließ absichtlich seine Schuhe von der Brücke hinunterfallen, wandte den Kopf Liang zu und sagte : 'Hinunter, mein Söhnchen! Schuhe holen!' Liang war empört und hätte jenen am liebsten verprügelt. Doch angesichts seines hohen Alters bezwang er sich, stieg hinab und holte die Schuhe. Sprach der Alte : 'Zieh mir die Schuhe an!' Da Liang ihm nun schon einmal die Schuhe geholt hatte, kniete er ehrerbietig nieder und half ihm hinein. Der Alte nahm sie mit den Füßen entgegen und ging lachend davon. Über alle Maßen betroffen starrte Liang ihm nach. Der Alte hatte sich ungefähr eine Meile weit entfernt, da kam er wieder zurück und sprach : 'Du bist schon einer Unterweisung würdig, mein Söhnchen. In fünf Tagen, bei Sonnenaufgang, komm hier mit mir zusammen!' Liang war äußerst erstaunt, aber er beugte die Knie und sagte ja.

Als er aber am fünften Tage bei Sonnenaufgang hinging, war der Alte schon vor ihm da und sagte zornig : 'Wie - du verabredest dich mit einem alten Mann und kommst zu spät?' Und er schritt davon mit den Worten : 'In fünf Tagen erscheine früher am Treffpunkt!'

Am fünften Tag ging Liang beim Hahnenschrei hinaus. Doch abermals war der Alte vor ihm da. Wieder sprach er zürnend : 'Warum kommst du zu spät?' Und er sagte im Fortgehen : 'In fünf Tagen komm noch früher!'

Als der fünfte Tag heranrückte, ging Liang noch vor Mitternacht hinaus und einen Augenblick später kam auch der Alte! 'So ist's recht!' sagte er erfreut. Dann zog er ein Bündel beschriebener Holztäfelchen (3) hervor und sprach : 'Wenn du das liest, wirst du dereinst der Lehrmeister eines Königs werden. In zehn Jahren wird er auftreten. In dreizehn Jahren aber wirst du, mein Söhnchen, mich in Chi-pei (4) sehen. Der gelbe Stein am Fuße des Ku-ch'eng Berges (5) - der werde ich dann sein.' Dann ging er ohne ein weiteres Wort und ward nie wieder gesehen.

Bei Morgengrauen nahm Chang Liang das Buch in Augenschein. Es hieß : 'Kriegskunst des T'ai-kung' (6). Das verwunderte Liang sehr, doch er lernte ständig in dem Buch und sagte es laut vor sich her ..." (7).

Schon Ssu-ma Ch'ien scheint einige Zweifel an der Glaubwürdigkeit dieser von ihm niedergeschriebenen Begebenheit gehabt zu haben, die er am Ende dieses Kapitels selbst vermerkt. (8) Doch Zweifel blieben nicht auf die legendäre Figur dieses "Herrn vom Gelben Stein", der oft auch "der Alte auf der Brücke" (9) oder "der Heilige von Hsia-p'ei" (10) genannt wird, beschränkt.

Als im Laufe der späteren Jahrhunderte die Schrift, die Chang Liang erhalten haben soll, mit den "Drei Strategien des Herrn vom Gelben Stein", Huang-shih kung San-lüeh 黄石公三略 gleichgesetzt wird (11), beginnt man auch, die Echtheit dieses Textes in Frage zu stellen. Als einer der härtesten Kritiker soll Cheng Yüan (12) hier zu Wort kommen :

> "... Das San-lüeh von Huang-shih kung ist ein gefälschtes Buch .... Es ist ein reines Plagiat der von Lao-tzu hinterlassenen Lehre, schwerfällig und zusammenhanglos; es eignet sich nicht zur praktischen Anwendung. Jedoch, die Reden, sich zu bescheiden, von Begierden abzulassen und so weiter, werden wohl aufgrund von Chang Liang's weiser und tugendhafter Persönlichkeit aufgeführt - es ist nicht so, daß Chang Liang, umgekehrt, sie (aus dem San-lüeh)

> bekommen hätte. Das Buch, das auf der Brücke übergeben wurde, ist wohl verloren. Das San-lüeh ... ist ein gefälschtes Buch und nichts anderes." (13)

Nachdem das San-lüeh nun schon mit dem Geruch der Fälschung behaftet ist, geht man in einem Fall sogar so weit, die Entstehung des Textes erst kurz vor der Nördlichen Sung-Dynastie (960-1127) anzusetzen. (14)

Doch nicht wenige Gelehrte halten an der legendären Autorenschaft fest. Die widersprüchliche Tatsache, daß laut Shih-chi die "Kriegskunst des T'ai kung" an Chang Liang übergeben wurde, die nun mit den "Drei Strategien" gleichgesetzt wird, erklärt man damit, daß die Drei Strategien zwar auf T'ai kung zurückgehen, aber vom Herrn vom Gelben Stein modifiziert und neu verfaßt wurden. Ähnlich äußert sich schon Chen Tehsiu (15) :

> "Das San-lüeh ist ein Buch aus der Vor-Ch'in Zeit. Obwohl T'ai kung es nicht selbst verfaßt hat, so handelt es sich hier ohne Zweifel um die (Kriegs-)Kunst, die er hinterlassen hat. Ich habe mich eingehend damit befaßt. Die Worte, in denen es um Maßnahmen zum Regieren des Staates und Nähren des Volkes geht, sind ganz im Sinne der Konfuzianer. Aber es spricht auch davon, sich zu verbergen, zurückzuziehen und zu bewahren und nichts als erster zu tun - dies ist die Lehre, die Lao-tzu hinterlassen hat. Chang Liang wird als guter Stratege bezeichnet. Aber das, was er am besten beherrschte, waren die (Realisierung der) Sätze : '... sich mit den Dingen verändern. Veränderung und Bewegung sind unbeständig ; deshalb muß man sich gemäß dem Feind verändern ... sobald er sich bewegt muß man ihm jedes-

> mal folgen.' (16)
> Hieraus läßt sich schließen, daß das Buch, das uns heute überliefert ist, auch das Buch ist, das Chang Liang erhielt." (17)

Selbst wenn wir eine Zurückführung auf T'ai kung (im 11. Jhdt. v. Chr.) außer acht lassen können, ergibt sich von seiten der chinesischen Kritiker für die Datierung des San-lüeh ein Zeitraum von rund 1200 Jahren - von der Vor-Ch'in Zeit (bis 221 v. Chr.) bis hin zur Nördlichen Sung Dynastie (ab 960 A.D.). Diesen Zeitraum einzugrenzen, und den Text - soweit dies möglich ist - zu datieren, ist eine der Zielsetzungen dieser Arbeit.

So verschieden auch die Meinungen über das San-lüeh und seine Bewertung gewesen sein mögen - eines läßt sich deutlich aus der Häufigkeit der Stellungnahmen zu diesem Werk ablesen, nämlich, daß man ihm eine nicht geringe Bedeutung zumaß. Die Ursache hierfür geht auf ein Ereignis im Jahre 1080 zurück, in dem der Sung Kaiser Shentsung 神宗 die Anweisung gab, diesen Text zusammen mit sechs anderen Büchern über die "Kriegskunst" zu den "Sieben Militärklassikern" zusammenzustellen.

Doch bevor wir anschließend näher auf diese sieben Texte und ihre Zusammenstellung eingehen werden, noch einige Worte zu vorliegender Arbeit und ihrer Zielsetzung :
Kernstück dieser Arbeit ist eine annotierte Übersetzung des San-lüeh, die hiermit erstmalig in einer westlichen Sprache vorliegt. Drei Textausgaben, die hierzu hauptsächlich herangezogen wurden, sind beschrieben, Textdifferenzen der verschiedenen Ausgaben sind als Appendix synoptisch zusammengestellt.

Insgesamt ist diese Arbeit mehr philologisch als historisch ausgerichtet; so wünschenswert es auch gewesen wäre, die Entstehung der Drei Strategien vor einem geschichtlichen Hintergrund aufzuzeigen, mußte eine solche Darstellung wegen des zu großen zeitlichen Spielraumes, der sich bei der Datierung des Textes ergab, unterbleiben.

DIE SIEBEN MILITÄRKLASSIKER

Die folgende kurze Vorstellung der sieben Bücher soll als Teil der Einführung verstanden werden. Die Reihenfolge der Texte entspricht der Sung-Ausgabe der Sieben Militärklassiker, Wu-ching ch'i-shu 武經七書. Die Hinweise auf vorliegende Übersetzungen der Texte (genaue Angaben s. Literaturverzeichnis) erheben keineswegs Anspruch auf Vollständigkeit.

Sun-tzu 孫子, "(Die Kriegskunst des) Meister Sun", Sun Wu 孫武 zugeschrieben, stammt aus dem späten 5. Jhdt. oder frühen 4. Jhdt. v. Chr. Es ist das älteste und am besten bekannte Traktat dieser Art. Archäologische Ausgrabungen in Shantung brachten 1972 Han-zeitliche Fragmente dieses Textes zutage, die sich vom bisherigen Text zum Teil sehr stark unterscheiden. (18)

Sun-tzu propagiert eine kühl-berechnende Kriegsführung, frei von moralischem Ballast. Risikofaktoren müssen ausgeschaltet, der Gegner und seine Pläne in jeder Situation durchschaut werden, so daß er sich unterlegen fühlt. Das Heer des Gegners ohne Kampf zu unterwerfen, ist das Ideal in Sun-tzu's Kriegskunst.
Übersetzung : Navarra (19)
Griffith

Als Verfasser des Wu-tzu 吳子, "(Die Kriegskunst des) Meister Wu", gilt Wu Ch'i 吳起. Man vermutet jedoch, daß der Text in seiner heutigen Form erst um 220 v. Chr. kompiliert wurde. (20)

Inhaltlich geht der in Dialogform gehaltene Wu-tzu nur auf wenigen Gebieten über Sun-tzu hinaus (z. B. Reiterei und Divination (21)) und zeigt über längere Passagen Ähnlichkeit mit dem Liu-t'ao (22).
Übersetzung : Griffith (23)

Die "(Kriegs-) Kunst des Ssu-ma", Ssu-ma fa 司馬法, wird Ssu-ma Jang-chü 穰苴 zugeschrieben. Neuere Untersuchungen verweisen die Kompilierung dieses Textes in die Anfangszeit der Kämpfenden Staaten (475-221 v. Chr.). (24) Das Ssu-ma fa zeigt große Übereinstimmung mit dem Sun-tzu, macht aber ausführlichere Angaben über die "innere Führung" als Voraussetzung für militärische Erfolge.
Übersetzung : Sadler (25)

Die "Dialoge mit Li, dem Herzog von Wei", Li Wei-kung wen-tui 李衛公問對 sollen eine Aufzeichnung von Gesprächen zwischen Li Ching 李靖 und dem T'ang-Kaiser T'ai-tsung 太宗 sein, weshalb der Text auch T'ang T'ai-tsung Li Wei-kung wen-tui genannt wird. Es herrscht allerdings kaum Zweifel daran, daß Juan I sie im 11. Jahrhundert niedergeschrieben hat. (26)
Die Dialoge können als Versuch verstanden werden, alle vorherigen Werke zusammenzufassen, und die grundlegenden Prinzipien der Kriegsführung zu formulieren. (27)
Übersetzung : Boodberg

Wei Liao tzu 尉繚子, "Meister Wei Liao", ist benannt nach seinem angeblichen Verfasser Wei Liao, der nicht klar identifiziert ist. Man datiert diese Abhandlung auf das 3. - 2. Jhdt. v. Chr. (28) Die Textfragmente aus den neueren archäologischen Funden sind mittlerweile veröffentlicht. (29) Das Wei Liao tzu zeichnet sich durch seinen komplexen Militär-Strafrechtskodex aus, der der älteste seiner Art in China ist.
Übersetzung : Weigand

San-lüeh 三略, "Die Drei Strategien", werden traditionell der legendären Figur Huang-shih kung (Herr vom Gelben Stein) aus dem spä-

ten 3. Jhdt. v. Chr. zugeschrieben. Nach den vorliegenden Untersuchungen kann der Text in die Östliche Han-Zeit (25-220 A.D.) verwiesen werden. (30)
Das San-lüeh befaßt sich neben strategischen Erwägungen vor allem mit der Leitung des Staates und der "inneren Führung" im Heer.

Liu-t'ao 六韜, "Die Sechs Futterale", sollen von T'ai kung verfaßt worden sein. Der Text ist nicht einheitlich, und man vermutet, daß er um 250 v. Chr. kompiliert wurde. (31)
Neben Themen wie Wirtschaft, Verwaltung, Versorgung, Disziplinierung, Taktik etc., geht das Liu-t'ao ausführlich auf die technisch-praktische Seite der Kriegsführung ein, wodurch es eine Sonderstellung unter den Sieben Militärklassikern einnimmt. (32) Die neuen Textfunde aus der Han-Zeit (vgl. Sun-tzu, Wei Liao tzu) sind noch nicht publiziert.
Übersetzung : Strätz

Obwohl hiermit die Sieben Militärklassiker kurz vorgestellt sind, soll noch ein Text erwähnt werden, den man mit Sicherheit in die Klassiker aufgenommen hätte, wäre er zu der Zeit, als sie zusammengestellt wurden, nicht schon länger als ein Jahrtausend verschollen gewesen. Es ist "Die Kriegskunst des Sun Pin", Sun Pin ping-fa 孫臏兵法. 1972 wurden Fragmente dieses Textes ausgegraben (33), der auf das 4. Jhdt. v. Chr. datiert wird. (34) Die Kriegskunst des Sun Pin erklärt die Kriegsführung mit yin-yang- und wu-hsing- (5 Elemente) Theorien und propagiert die strategische Offensive, für deren Ausgang es entscheidend ist, den Gegner und das Gelände zu kennen.
Übersetzung : Balmforth

DIE ZUSAMMENSTELLUNG DER SIEBEN MILITÄRKLASSIKER

Im 4. Monat des 3. Jahres der yüan-feng Ära (1080) gab es einen kaiserlichen Erlaß, die Bücher Sun-tzu, Wu-tzu, Liu-t'ao, Ssu-ma fa, San-lüeh, Wei-liao tzu und Li Ching wen-tui zusammenzustellen, sie zu drucken und zu verbreiten. (35)

Mit dieser Arbeit waren zwei Beamte beauftragt : Chu Fu 朱服 (36) und Ho Ch'ü-fei 何去非 (37).

Ch'ao Kung-wu 晁公武 (gest. 1171) schreibt :

> "... man machte ein Buch daraus, das im Militärunterricht benutzt wird. Man nennt es die "Sieben Bücher" ". (38)

Doch zumindest Ho Ch'ü-fei scheint an der Echtheit einiger der Texte, die als die "Sieben Bücher" zusammengestellt werden sollten, Zweifel gehabt zu haben. Sein Sohn Ho Wei 何薳 (1077-1145) berichtet :

> "Als mein Vater als Professor an der Militärschule war, wurde er angewiesen, Sun (-tzu), Wu (-tzu) usw. als Sieben Bücher für Militärprüfungen zu redigieren. Mein Vater meinte, daß das Liu-t'ao nicht von T'ai kung verfaßt sei. Sein Inhalt habe mehrere Stellen, die dies bewiesen. So berichtete er zuerst dem Vize-Direktor für Erziehung, Chu Fu, davon. Fu aber sagte, diese Bücher seien schon seit geraumer Zeit im Umlauf, und es würde nicht leicht sein, sie nun kurzerhand abzuschaffen. (Mein Vater) hatte auch Zweifel an der Echtheit der "Dialoge mit Li, dem Herzog von Wei", Li Wei kung tui-wen, und als er später Instruktor in Hsü-chou 徐州 wurde und Ch'en Wu-chi 陳無己 (39) ablöste, erzählte Ch'en ihm, er habe einst vom

Herrn vom Osthang (40) erfahren, daß (...) und die "Dialoge mit Li, dem Herzog von Wei", alle von Juan I 阮逸 (41) verfaßt seien. Einst habe er (Juan I) sie dem ehrenwerten Feng-ch'ang (42) im Manuskript gezeigt." (43)

Ho Ch'ü-feis Zweifel blieben offensichtlich ohne Wirkung, denn man beließ es bei den Sieben Büchern.

Wann die Kompilierung vollendet war, ist nirgends erwähnt, doch findet sich im Sung hui-yao noch folgender Eintrag :

"Am 15. Tag des 11. Monats im 6. Jahr (der yüan-feng Ära) (44) sagte der Vize-Direktor für Erziehung, Chu Fu, er habe den Auftrag erhalten, Sun-tzu, Wu-tzu, Ssu-ma ping-fa, Wei kung wen-tui, San-lüeh und Liu-t'ao zu redigieren. Die Erläuterungen der verschiedenen Kommentatoren zum Sun-tzu haben alle ihre Vorzüge und Fehler, man könne sich nicht für den einen oder anderen entscheiden. Zu den anderen Büchern gebe es zwar auch Kommentare und Erklärungen, aber sie seien so seicht und ärmlich, daß man keinen davon übernehmen könne. Man (45) sollte die Kommentare weglassen, die ursprünglichen Texte verwenden, und es den Studierenden überlassen, sie selbst zu verstehen. Es erging ein Erlaß, für den Sun-tzu nur den Kommentar von Wei Wu-ti 魏武帝, und für die übrigen (Bücher) keinen Kommentar zu gebrauchen." (46)

Letztere Bemerkung macht deutlich, daß die Sung-Ausgabe der Militärklassiker, die wir heute besitzen, und die keinen Kommentar zum Sun-tzu hat, nicht die gleiche ist wie die ursprüngliche, 1080 in Auftrag gegebene Ausgabe.

DIE "DREI STRATEGIEN" UND DIE "AUFZEICHNUNGEN DES HERRN VOM GELBEN STEIN"

Bevor wir uns anschließend mit den Problemen der Überlieferung und Datierung des San-lüeh auseinandersetzen, muß zunächst einmal die Frage geklärt werden, welcher Zusammenhang zwischen diesem Text und dem Huang-shih kung chi 黄石公記, den "Aufzeichnungen des Herrn vom Gelben Stein", besteht, die in zahlreichen Werken zitiert werden.

Es deutet vieles darauf hin, daß es sich hier um ein und denselben Text handelt :

In der Liste der Bücher, die Yü Chung-jung 庾仲容 (476-549) für seine Anthologie Tzu-ch'ao (47) verwendete, findet sich folgender Eintrag :

> "Huang-shih kung chi, 3 chüan, erste, zweite und dritte Strategie". (48)

Für Yü Chung-jung waren demnach das Huang-shih kung chi und das San-lüeh ein und dasselbe Buch ; die drei Strategien waren lediglich die Einteilung der "Aufzeichnungen" in drei Abschnitte.

Ein Kommentar von Li Shan 李善 (gest. 689) in der Anthologie Wen-hsüan 文選 53.8a weist in die gleiche Richtung :

> "Im Vorwort zu den Aufzeichnungen des Herrn vom Gelben Stein heißt es : 'Der Gelbe Stein ist der Heilige. Es gibt die erste, zweite und dritte Strategie' ...". (49)

Auch Sun I-jang 孫詒讓 (1848-1908) kommt zu diesem Schluß. In seinem Werk Cha-i 札迻 10.22 b verweist er auf das I-lin 意林 von Ma Tsung 馬總 (gest. 823). Dort werden unter dem Titel Huang-shih kung chi zwei kurze Passagen zitiert, die sich im heutigen San-lüeh finden. (50) Sun I-jang folgert :

> "Somit ist dieses Buch identisch mit dem Huang-shih kung chi aus dem Ch'i-lu . (51) Das Sui (-shu ching-chi) chih trennt sie als zwei verschiedene Texte. Dies scheint ein Fehler zu sein."

Da das Sui-shu die erste Reichsgeschichte ist, in deren bibliographischen Kapiteln (ching-chi chih ; 656 A.D. dem Kaiser vorgelegt) das San-lüeh verzeichnet ist, muß diesem Eintrag (34.1013) besondere Aufmerksamkeit gewidmet werden.

> "Huang-shih kung San-lüeh, 3 chüan."

Dazu ist vermerkt :

> "Verfaßt vom Heiligen aus Hsia-p'ei, kommentiert von einem mit Namen Ch'eng 成氏 . In der Liang Zeit gab es auch ein Huang-shih kung chi in 3 chüan und ein Huang-shih kung lüeh chu 黄石公略注 in 3 chüan."

In seinem Werk Sui-shu ching-chi chih k'ao-cheng 隋書經籍志考證 (p. 509c) geht Yao Chen-tsung 姚振宗 davon aus, daß das Huang-shih kung chi identisch mit dem San-lüeh ist. Das vermerkte Huang-shih kung lüeh chu scheint das gleiche zu sein wie das von Ch'eng kommentierte San-lüeh. Wahrscheinlich gab es in den Katalogen der Liang-Zeit einen Text mit, und einen Text ohne Kommentar. Da die vorliegende (Sui shu) Bibliographie besonders die Unterschiede zu den (damals) existenten Texten vermerkt, handelt es sich (bei dem Huang-shih kung lüeh chu) nicht um einen eigenen Text, denn sonst wäre es als "verlorengegangen" vermerkt. Soweit die Untersuchungen von Yao Chen-tsung.

Die These, daß die "Aufzeichnungen des Herrn vom Gelben Stein" und die "Drei Strategien (des Herrn vom Gelben Stein)" lediglich verschiedene Titel für den selben Text sind, wird erhärtet, wenn wir die frühen Enzyklopädien (lei-shu) und Anthologien nach Zitaten aus diesem Text untersuchen :

Das gleiche Zitat, das im Pei-t'ang shu-ch'ao 北堂書鈔 117.9b unter dem Eintrag "im Huang-shih kung chi heißt es" geführt wird, trägt in Li Shans Kommentar zum Wen-hsüan 44.9a den Titel Huang-shih kung San-lüeh. Dergleichen handelt es sich beim Huang-shih kung San-lüeh-Zitat im T'ai-p'ing yü-lan 太平御覽 760.8b - wenn auch in gekürzter Form - um das gleiche Zitat, das im I-wen lei-chü 藝文類聚 72.1246 und im Pei-t'ang shu-ch'ao 148.13b als Passage aus dem Huang-shih kung chi angeführt wird.

Selbst innerhalb eines lei-shu wird das selbe Zitat unter zwei Titeln geführt : Die im Pei-t'ang shu-ch'ao 117.7b als Huang-shih kung San-lüeh zitierte Textstelle ist lediglich die gekürzte Form der in 113.4a aufgeführten Passage aus dem Huang-shih kung chi.

Die nachfolgende Tabelle soll unsere Beweisführung abrunden : Aus 10 verschiedenen Werken (das Hou Han-shu 後漢書 und sein Kommentar werden hierzu als getrennt betrachtet) wurden alle Zitate ausgewählt, die als aus dem (Huang-shih kung) San-lüeh oder Huang-shih kung chi stammend gekennzeichnet sind. Zitate von "Huang-shih kung" oder aus den "Militärischen Prognosen" 軍識 (die im textus receptus angeführt werden) wurden nicht berücksichtigt, da sie für dieses Problem nicht relevant sind.

Die erste und dritte Spalte geben die Anzahl der Zitate unter dem jeweiligen Titel in den verschiedenen Werken an. In den dazugehörigen Fußnoten sind alle Fundstellen vermerkt. Die zweite und vierte Spalte zeigen, wieviele von diesen Zitaten sich im heute vorliegenden Sanlüeh finden. Unbedeutende Textabweichungen, Kürzungen und Umstellungen in der Satzfolge sind nicht berücksichtigt, da uns hier nur die Quantität der Zitate interessiert.

Werk	Anzahl der Zitate "(Huang-shih kung)San-lüeh	davon im heutigen Text	Anzahl der Zitate "Huang-shih kung chi"	davon im heutigen Text
Hou Han-shu 後漢書	-	-	1 (52)	1
Hou Han-shu chu 後漢書注	4 (53)	2	1 (54)	1
Wen-hsüan chu 文選注	5 (55)	5	3 (56)	3
Pei-t'ang shu-ch'ao 北堂書鈔	13 (57)	12	6 (58)	5
I-wen lei-chü 藝文類聚	2 (59)	2	1 (60)	1
Ch'u-hsüeh chi 初學記	2 (61)	2	2 (62)	1
Shih-i chia chu Sun-tzu 十一家注孫子	2 (63)	2	-	-
K'ai-yüan chan-ching 開元占經	1 (64)	-	-	-
I-lin 意林	-	-	2 (65)	2
T'ai-p'ing yü-lan 太平御覽	12 (66)	9	7 (67)	4
Insgesamt	41	34	23	18

Wie aus der Tabelle ersichtlich wird, sind 82,6 % der Zitate eines San-lüeh, und 78,2 % eines Huang-shih kung chi genannten Textes im heute vorliegenden San-lüeh enthalten. Läßt man hierbei alle Dubletten, d.h. jene Zitate aus den verschiedenen Werken, die die gleiche Passage aus dem textus receptus zum Inhalt haben, unberücksichtigt (68), so verändern sich die Prozentzahlen beim San-lüeh auf 85,7 % und beim Huang-shih kung chi auf 87,5 %.

Es deutet also nichts darauf hin, daß die beiden Titel für verschiedene Werke stehen. Vielmehr ist es, wenn man die eingangs aufgeführten Bemerkungen aus dem Tzu-ch'ao, Wen-hsüan und I-lin mit einbezieht, nun offensichtlich, daß unser heutiges San-lüeh früher mit zwei Titeln, nämlich (Huang-shih kung) San-lüeh und Huang-shih kung chi belegt war.

TEXTGESCHICHTE UND TEXTKRITIK

Nachdem der vorige Abschnitt gezeigt hat, daß sich hinter den "Drei Strategien" und den "Aufzeichnungen des Herrn vom Gelben Stein" der gleiche Text verbirgt, soll nun dessen Überlieferung und Geschichte besprochen werden :

Das früheste Zitat aus dem Huang-shih kung chi finden wir im Hou Han-shu 18.695-6, in der Biographie von Tsang Kung 臧宮 (gest. 58 A.D.). Auf den Vorschlag von Tsang Kung, die Hsiung-nu 匈奴 anzugreifen, erwidert Kuang-wu ti 光武帝 in einem Edikt, das das Datum vom 51 A.D. trägt, ablehnend :

> "Im Huang-shih kung chi heißt es : 'Das Weiche kann das Harte bezwingen und das Schwache kann das Starke bezwingen. Weichheit ist eine Tugend und Härte ist etwas Schädliches. Der Schwache ist es, dem (man mit) Menschlichkeit hilft. Der Starke ist der, dem sich die Unzufriedenheit zuwendet. (69) Deshalb heißt es : Ein tugendhafter Herrscher erfreut mit dem, was Freude bereitet, andere Menschen. Ein Herrscher, der keine Tugend besitzt, erfreut mit dem, was Freude bereitet, sich selbst. Wer andere erfreut, dessen Freude wird lange währen. Wer auf die eigene Freude aus ist, wird nicht lange währen und untergehen. Wer das Nahegelegene aufgibt und nach Weitentferntem strebt, wird sich erschöpfen und keinen Erfolg haben. Wer das Weitentfernte aufgibt und nach dem Nahegelegenen strebt, der wird ohne Mühen alles zu Ende bringen. Eine Regierung, die dem Volk ein angenehmes Leben sichert, bringt viele loyale Untertanen hervor. Aber eine Regierung, die den

Leuten das Leben sauer macht, bringt viele aufrührerische Leute hervor. Deshalb heißt es : Wer nur darauf aus ist, sein Territorium auszudehnen, (dessen Land) wird veröden. Wer alles daran setzt, seine Tugend auszudehnen, der wird stark werden. Wer mit dem, was er hat, zufrieden ist, lebt in Frieden. Wer begehrt, was andere haben, ist grausam. Eine grausame und zerstörerische Regierung wird trotz (anfänglicher) Erfolge unausweichlich eine Niederlage erleiden'." (70)

Li Hsien 李賢, der zwischen 675 und 680 A.D. den Kommentar zu den von Fan Yeh 范曄 (398-446) verfaßten biographischen Kapiteln im *Hou Han-shu* schrieb, zitiert in der Biographie von Tsang Kung an drei Stellen das *Han hou-shu* 漢後書 von Hua Chiao 華嶠 (71) mit Textvarianten. Wir können annehmen, daß Fan Yeh für diese Biographie das *Han hou-shu* von Hua Chiao aus dem 3. Jhdt. als Vorlage benutzt hat.

Im Haupttext von zwei weiteren biographischen Kapiteln des *Hou Han-shu* finden sich Bezüge zum *San-lüeh* des Huang-shih kung. Ein Satz in der Biographie von Yüan Shao 袁紹 (74A.2391) lautet :

> "Wenn der Untertan mit dem Herrscher gleich ist, (so bedeutet das) Untergang. Dies ist ein Verbot des Gelben Steines."

Die Herausgeber des *Hou Han-shu* halten diesen Satz allerdings für fehlerhaft und ergänzen unter Berufung auf Hui Tung 惠棟 zu :

> "Wenn der Untertan mit dem Herrscher gleich ist, (so bedeutet das) Blüte. Wenn der Herrscher mit dem Untertan gleich ist, (so bedeutet das) Untergang. Dies ist ein Verbot des Gelben Steines". (72)

Li Hsien merkt zu dieser Stelle an :

> "Der Gelbe Stein ist das, was Chang Liang in Hsia-p'ei erhielt. Es ist das San-lüeh." (Hou Han-shu 74A.2392)

Der strittige obige Satz findet sich jedoch nicht im heutigen San-lüeh.

Ein weiteres Zitat, das Huang-shih kung zugeschrieben wird, kommt aus der Biographie von Yang Lun 楊倫 (79A.2564) :

> "Keine Entscheidung zu treffen, wo eine Entscheidung zu treffen wäre - das ist ein Verbot des Gelben Steins". (73)

Li Hsien kommentiert :

> "Im San-lüeh des Huang-shih kung heißt es : 'Keine Entscheidung zu treffen, wo eine Entscheidung zu treffen wäre, wird Unordnung zur Folge haben.'"

Auch dieser Satz findet sich nicht im heutigen San-lüeh. (74)

Noch zweimal (30B.1078 und 74A.2398) führt Li Hsien in seinem Kommentar zum Hou Han-shu das San-lüeh an ; beide Passagen sind im textus receptus enthalten. (75)

Die früheste Erwähnung des Titels "San-lüeh" in Verbindung mit der legendären Gestalt des Huang-shih kung finden wir in der Monographie Yün-ming lun 運命論 (76) von Li K'ang 李康 (77) (ca. 196-264) :

> "Chang Liang erhielt ein Zeichen von Huang-shih kung und rezitierte die Ausführungen der Drei Strategien".

Li Shan's Kommentar zu dieser Stelle lautet :

> "Im Vorwort zum Huang-shih kung chi heißt

> es (78) : 'Der Gelbe Stein ist der Heilige. Es gibt die erste, zweite und dritte Strategie.' In der Flußkarte (79) steht : 'Huang-shih kung sagte zu Chang Liang : Lies dies und du wirst der Lehrmeister des Königs Liu werden.'"

Der früheste Kommentar zum San-lüeh, von dem wir wissen, wurde von Liu Ping 劉昞 (80) aus Tung-huang verfaßt. (81) Die Lebensdaten von Liu Ping sind nicht genau bekannt, aber aus seiner Biographie (82) können wir schließen, daß er von ca. 370 - ca. 440 A.D. lebte. (83)
Sein Kommentar zum San-lüeh scheint nicht weit verbreitetgewesen, oder schon bald wieder verlorengegangen zu sein, da er später nirgends mehr erwähnt wird (84), im Gegensatz zu seinem heute noch vorliegendem Kommentar zum Jen-wu chih 人物志.

Einen weiteren Beleg für die Existenz des San-lüeh im frühen 5. Jhdt. bietet das literarische Werk von Hsieh Ling-yün 謝靈運 (385-433). In seinem Vorwort zum Chuan-cheng fu 撰征賦 (85), das er während der Regierungszeit von Sung Wu-ti 宋武帝 (420-422) verfaßte (86), und auch in seiner Eulogie auf diesen Herrscher, (Sung) Wu-ti lei (宋)武帝誄 (87), erwähnt er die Titel San-lüeh und Liu-t'ao. (88)

Ein längeres Exzerpt des San-lüeh findet sich in dem Werk Ch'ün-shu chih-yao 群書治要, das auf kaiserlichen Befehl von Wei Cheng 魏徵 (580-643) und anderen zusammengestellt, und im Jahre 631 dem Kaiser vorgelegt wurde. (89) Offensichtlich hatten die Kompilatoren das San-lüeh als authentisch betrachtet, denn zum einen wurden, wie sie in ihrem Vorwort (2a) schreiben, in das Ch'ün-shu chih-yao Bücher aufgenommen "oben bei den Fünf Kaisern beginnend und unten mit der Chin-Zeit endend" (die Chin-Dynastie endete 420 A.D.). Zum anderen zeigt die Tatsache, daß in dieser Anthologie das San-lüeh 40.7b-11a zusammen mit Han (Fei) tzu 韓子 (gest. 233 v. Chr.) 40.1a-7b, dem Hsin-yü 新語 von Lu Chia 陸賈 (ca. 228 - ca. 141) 40.11a-18a und Chia-tzu 賈子 von Chia I 賈誼 (201-169) 40.18a-25b gruppiert wurde, in welchen Zeitraum man die Entstehung dieses Textes einordnete.

Die Auszüge aus dem San-lüeh im Ch'ün-shu chih-yao belaufen sich auf rund 1100 Schriftzeichen, also etwas mehr als ein Viertel des gesamten heutigen Textes. Ein Vergleich der sich entsprechenden Passagen zeigt, daß nur unbedeutende Textabweichungen bestehen (die in den Fußnoten zur Übersetzung des San-lüeh angemerkt sind). Lediglich an drei Stellen (40.7b, 7-8 ; 40.10a, 3-4 ; 40.10a, 8) enthält das Ch'ün-shu chih-yao kurze Passagen, die im textus receptus nicht stehen.

Obwohl die Kompilatoren des Ch'ün-shu chih-yao das San-lüeh nicht in Shang-上, Chung-中 und Hsia-下 lüeh unterteilt haben, sind die aufgenommenen Auszüge aus drei Unterteilungen, wie sie sich heute in den Drei Strategien finden, in der entsprechenden Reihenfolge entnommen, wobei das Chung-lüeh mit nur einem Zitat allerdings unterrepräsentiert ist.

Das Exzerpt des San-lüeh im Ch'ün-shu chih-yao ist nicht nur das größte frühe Fragment unseres Textes (90), es liefert uns auch den dazu ältesten erhaltenen Kommentar. Da Wei Cheng jedoch nicht angibt, von wem diese Anmerkungen stammen, können wir folgende Überlegung anstellen :

Die Kompilatoren des Ch'ün-shu chih-yao kommen als Kommentatoren nicht in Frage, da sie offensichtlich für ihre Anthologie Texte durchgehend in der Form übernommen haben, in der sie bereits vorlagen.

Ein Kommentar zum San-lüeh war zwar schon im frühen 5. Jahrhundert verfaßt worden, aber da er in keinem Katalog erwähnt ist, scheint er nicht weit verbreitet gewesen zu sein. (91)

Eine andere Möglichkeit, die wesentlich wahrscheinlicher ist, ist die, daß wir hier die Anmerkungen des Herrn Ch'eng 成氏 vor uns haben, die es in der Liang-Zeit (502-557) gab, und auf die in den bibliographischen Kapiteln des Sui-shu (34.1013) hingewiesen wird. (92) Diese Möglichkeit muß jedoch letztlich unbewiesen bleiben, da der Kommentar von Ch'eng nirgendwo sonst erhalten ist. (93)

Wie oben schon aufgezeigt wurde, ist das Sui-shu die erste Reichsgeschichte, in deren bibliographischen Kapiteln (656 dem Kaiser vorgelegt) das San-lüeh aufgeführt ist. Der gleiche Eintrag findet sich auch im Chiu T'ang-shu 舊唐書 47.2039. (94) Diese Dynastiengeschichte wurde im Jahre 945 fertiggestellt, doch basieren ihre bibliographischen Einträge auf dem Ku-chin shu-lu 古今書錄 das kurz nach 721 zusammengestellt worden war. (95)

Auch die Bibliographie des Hsin T'ang-shu (1060 fertiggestellt) 59.1549 verzeichnet das Huang-shih kung San-lüeh in 3 chüan, doch ist dieser Eintrag für unsere Textgeschichte von weniger großer Bedeutung, da nicht feststeht, auf welchen Quellen die bibliographischen Kapitel des Hsin T'ang-shu beruhen. (96)

Der Sung-Katalog Ch'ung-wen tsung-mu 崇文總目, der dem Kaiser im Jahr 1042 vorgelegt wurde, enthält den gleichen Eintrag (6.8a).

Knapp 40 Jahre später werden das San-lüeh und sechs weitere Texte zu den Sieben Militärklassikern zusammengefaßt, die älteste Ausgabe, die heute überliefert ist, wird zwischen 1190 und 1194 gedruckt.

Inwieweit diese Ausgabe mit den älteren Versionen übereinstimmt, ist schwer festzustellen. Da wir einige Zitate aus einem San-lüeh besitzen, die der heutige Text nicht mehr enthält, muß das San-lüeh vor der Sung-Zeit umfangreicher gewesen sein, doch läßt sich das Ausmaß nicht genau bestimmen. Die Auszüge aus dem San-lüeh, die in das Ch'ün-shu chih-yao aufgenommen wurden, lassen jedoch den Schluß zu, daß die Version aus der frühen T'ang-Zeit dem heutigen Text weitestgehend entspricht.

Daß die in den Katalogen angegebenen 3 chüan einer Einteilung in Shang- 上, Chung- 中 und Hsia- 下 lüeh entsprachen, ist offensichtlich. Doch wirft die Aufteilung, wie sie der heutige Text hat, Fragen auf. Schon Huang Chen 黄震 (1213-1280) kritisierte, daß im San-lüeh keine Zielsetzung für eine Einteilung in Shang, Chung und Hsia (-lüeh) zu erkennen sei. (97) Anlaß für eine Kritik in dieser Richtung gibt der Text (2. 2a) selbst, denn dort werden die drei Kapitel (shang, chung, hsia) kurz inhaltlich zusammengefaßt und ihr jeweiliger Bezug zu Herrscher und Untertan wird dargelegt. (98) Diese Tatsache ist bemerkenswert, da aus ihr geschlossen werden muß, daß der angeführte Passus aus einem Vorwort zum San-lüeh stammt und das Chung-lüeh somit korrumpiert ist. Hierfür spricht auch, daß Teile dieses Kapitels, z.B. 2.1b, 9-2.2a,1, wenig Zusammenhang zeigen, im Gegensatz zum 1. und 3. Kapitel.

Seki Shigehide 關重秀 hat aus diesem Grund den Text in seinem Werk Shichisho seigi 七書正義 umgestellt : Er betrachtet das gesamte Chung-lüeh als Vorrede, macht San-lüeh 1.1a,1-1.2a,8 zu Shang-lüeh, 1.2a,8-1.6a,8 zu Chung-lüeh und beläßt das Hsia-lüeh.

Eine solche Aufteilung des 1. Kapitels in ein Shang- und Chung-lüeh ist jedoch problematisch, da sie der textimmanenten Charakterisierung des Shang-lüeh zuwiderläuft (99), derzufolge man das heutige 1. und 3. Kapitel als authentisch betrachten kann. Das 2. Kapitel bleibt problematisch, da, selbst wenn man die offensichtlichen Interpolationen herausnimmt, der Text wegen seiner Lückenhaftigkeit korrumpiert bleibt. Hieran sollte man beim Lesen des 2. Kapitels denken.

REIMANALYSE

Das San-lüeh enthält eine beträchtliche Anzahl von gereimten Passagen, oft nur kurzen, mnemonischen Versen. Da in der Sprachgeschichte gewisse Reimgruppen nur zu bestimmten Zeiten miteinander reimbar waren, ist eine Untersuchung dieser Gruppierungen aufschlußreich für die Datierung eines Textes.

Als Grundlage für die Analyse der im San-lüeh enthaltenen Reime dienten die Vorarbeiten, die Chiang Yu-kao 江有誥 in seinem Werk Hsien-Ch'in yün-tu 先秦韻讀 niedergelegt hat. Sie wurden, wo nötig, ergänzt.

Da die vorne ausgeführte Textgeschichte eine Entstehung des San-lüeh in der Han-Zeit nahelegt, wurden die Reime anhand der Reimgruppen, die Lo Ch'ang-p'ei 羅常培 und Chou Tsu-mo 周祖謨 in ihrem Han Wei Chin Nan-Pei-ch'ao yün-pu yen-pien yen-chiu 漢魏晉南北朝韻部演變研究 für die Han-Zeit zusammengestellt haben, überprüft :

San-lüeh	Reime	Reim-gruppen
1.1a,3	功衆	東冬
1.1a,4	成傾	耕
1.1a,6	剛強	陽
1.1a,6	德賊	職

San-lüeh	Reime	Reimgruppen
1.1a,7-10	施加宜知移化隨	歌支
1.1a,10-1b,1	威夷師	脂
1.1b,4-5	剛光強彰	陽
1.1b,5	弱削	藥
1.1b,5-6	強亡	陽
1.2a,8	祖下	魚
1.2a,9	親君	真
1.2b,1-2	雄窮	冬
1.3a,1	達渴	月 (100)
1.3a,1	辧 [=辨] 倦	元
1.3a,1-2	炊饑	脂
1.3a,3	離疲	支
1.3a,4	倦萬	元
1.3a,5-6	令政命	耕

San-lüeh	Reime	Reimgruppen
1.3b,4	人 新	真
1.3b,5	當 勝	陽 蒸
1.3b,7	明 行	耕
1.3b,7	得 服	職
1.3b,7	賢 震	真
1.3b,8	適 敵	錫
1.3b,8-9	驕 憂 疑	宵 幽 之
1.3b,9-10	順 信 奮 亂	真 元
1.4a,1	命 定	耕
1.4a,5-6	散 叛 倦	元
1.4a,7-8	心 禁 淫	侵
1.4a,8-9	服 式 北 國	職
1.4a,9-10	密 一 疾 閉 結	質
1.4b,1	設 奮	月

San-lüeh	Reime	Reimgruppen
1.4b,1-2	勢 制 會 敗	祭
1.4b,3	慮 去	魚
1.4b,3-4	勇 恐 動 重	東
1.4b,4	怒 懼	魚
1.4b,4-5	重 用	東
1.4b,6	財 來	之
1.4b,6	賞 往	陽 (101)
1.4b,7	魚 夫	魚
1.4b,10	恩 民	真
1.5a,9-10	刻 極 賊 國	職
1.5a,10-5b,1	恩 昏 顏 官 端	真 元
1.5b,2-3	親 賢 訕 源	真 元
1.5b,3-5	姦 尊 振 連 恩 權 民 諠 言 根	元 真
1.5b,5-6	姦 官 便 文 君 姦	元 真

San-lüeh	Reime	Reimgruppen
1.5b,7	寡若虜樂	魚 (102)
1.5b,8-9	退位	脂
1.5b,9-10	大勢貴大廢敗	祭脂
1.6a,1-3	訟衆容功庸同通	東冬
1.6a,3-4	常殃	陽
1.6a,4-5	明職忠	陽東冬
1.6a,6	賢遯	真
1.6a,6	齒理	之
1.6a,7	穴實	質
1.6a,7-8	述溢	質
2.1a,4	令平	耕
2.2a,9-10	藏亡	陽
2.2b,2-3	離移	支
3.1b,3	人身	真

San-lüeh	Reime	Reimgruppen
3.1b,3-4	長 亡	陽
3.1b,4-5	功 終	東冬
3.1b,5	臣 民	眞
3.1b,6	荒 强	陽
3.1b,6-7	安 殘 患	元
3.1b,7	制 敗	祭
3.1b,8	招 要	宵
3.1b,9	道 蹈	幽 (103)
3.1b,9-10	德 得	職
3.1b,10	仁 親	真
3.1b,10	義 宜	支 oder 歌
3.1b,10	禮 體	脂
3.2a,10-2b,1	失 結	質
3.2b,1-2	怨 天	元真

San-lüeh	Reime	Reimgruppen
3.2b,2	讐 [=仇] 救	幽
3.2b,2-3	平 清 寧	耕
3.2b,3-4	富 治	之
3.2b,4-5	誅 拘 消	宵 魚
3.3a,7	職 弱	職
3.3a,7-8	傑 竭	月
3.3a,8	首 久	幽
3.3a,8	居 安	真 元
3.3a,9	虛 儲	魚 (104)
3.3a,9	足 樂	屋 藥
3.3a,9-10	外 豔 世	祭 (105)
3.3a,10-3b,1	主 聚	魚
3.3b,1	尊 昏	真
3.3b,1	處 序	魚

San-lüeh	Reime	Reimgruppen
3.3b,2	世害	祭
3.3b,2-3	全孫	元真 (106)
3.3b,4	百郭	鐸
3.3b,4	萬散	元
3.3b,4-5	百澤	鐸
3.3b,5	萬亂	元

Aufschlußreich für die zeitliche Einordnung eines Textes sind die Kontakte zwischen verschiedenen Reimkategorien (die in den verschiedenen Epochen unterschiedlich waren) - im vorliegenden Fall zwischen 東 und 冬 , 歌 und 支 , 陽 und 蒸 , 宵 und 幽 und 之 , 真 und 元 , 宵 und 魚, 屋 und 藥 . Da diese Kontakte allesamt bei Lo Ch'ang p'ei und Chou Tsu-mo für die Han-Zeit (206 v. Chr. - 220 A.D.) nachgewiesen sind (107), spricht zumindest nichts dagegen, die Entstehung des San-lüeh für die Han-Zeit anzusetzen. (108)

DISKUSSION DER DATIERUNG

Nachdem die Reimanalyse gezeigt hat, daß die Entstehung des San-lüeh wohl für die Han-Zeit angesetzt werden kann, wollen wir ergänzend und zusammenfassend noch einmal auf die Textgeschichte zurückgreifen :

Wenn wir vom 7. Jhdt. (in dem ein längeres Exzerpt des San-lüeh in das Ch'ün-shu chih-yao aufgenommen wurde ; s. pp. 28-9) aus zurückgehen, haben wir im 5. Jhdt. Titelanführungen bei Hsieh Ling-yün (s. p.28) ; wir wissen, daß es zu unserem Text bereits in der 1. Hälfte des 5. Jhdts. einen Kommentar gab (s.p. 28). Der Titel San-lüeh wird jedoch schon im 3. Jhdt. von Li K'ang erwähnt (s. p. 27) ; vorher gibt es nur das Huang-shih kung chi, das im Hou Han-shu in einem Erlaß, der mit 51 A.D. datiert ist, zitiert wird (s.p. 25).

Ob der Wortlaut dieses Erlasses (und damit das Zitat) als authentisch anzusehen ist, kann nicht mit letzter Sicherheit entschieden werden, da die entsprechende Passage nicht in den Kaiserannalen des Hou Han-shu vorkommt. Zumindest Ssu-ma Kuang 司馬光 betrachtet sie als echt, da er sie in sein Tzu-chih t'ung chien 資治通鑑 44.1417 aufgenommen hat. (109)

Die Drei Strategien selbst bieten inhaltlich nur wenige Anhaltspunkte für eine zeitliche Einordnung, da historische Daten und Namen gänzlich fehlen. Auch ist die Organisation des Heeres so vage und allgemein beschrieben, daß sie keinen Fingerzeig bietet.

Drei textimmanente Kriterien lassen sich für die Datierung des Textes dennoch herausarbeiten. Zum einen werden im Shang-lüeh wiederholt die "Militärischen Prognosen" zitiert, deren Reime, ebenso wie die in den übrigen Passagen des 1. Kapitels verwendeten, in der Han-Zeit gängig waren und die deshalb als integraler Bestandteil des Textes angesehen werden können. Das Zeichen ch'an 讖 ist zuerst für die Westliche Han-Dynastie nachweisbar. (110) Zu ihrer Blüte gelangte die Ch'an- Literatur jedoch erst Ende dieser Dynastie, und es ist bekannt, daß der erste Kaiser der Östlichen Han, Kuang-wu ti, in dessen Erlaß das Huang-shih kung chi zitiert ist, den Prognostikationen (ch'an-yen) besonderen Glauben schenkte. (111)

Etwas zur Datierung des Textes beitragen kann auch die Tatsache, daß im Chung-lüeh die Drei Erhabenen (san-huang), und anschließend die Kaiser (ti), Könige (wang) und Hegemonen (pa) erwähnt werden, anhand deren unterschiedlichen Regierungsweisen der geschichtlich-moralische Verfall aufgezeigt wird. Die san-huang werden zum ersten Mal nachweislich im Lü-shih ch'un-ch'iu 呂氏春秋 erwähnt, das ca. 240 v. Chr. zusammengestellt wurde. Der Gebrauch dieser Bezeichnung san-huang, und die Unterscheidung von huang, ti, wang und pa in einem politischen Zusammenhang tauchen aber erst in der Westlichen Han-Zeit auf. (112) Diesem Punkt kann man jedoch keine entscheidende Bedeutung beimessen, da das Chung-lüeh, wie vorne schon festgestellt, als korrumpiert betrachtet werden muß.

Daß der Verfasser der Drei Strategien Passagen aus dem Sun-tzu und Lao-tzu übernommen hat, ist augenscheinlich, doch für die Datierung wenig hilfreich. Bemerkenswert ist aber, daß der vorliegende Text auch mit dem Shih-chi (ca. 90 v. Chr. fertiggestellt) Passagen gemeinsam hat. (113) Vor allem die Tatsache, daß der Satz, den laut Shih-chi der Herr vom Gelben Stein bei der Übergabe des Buches an Chang Liang gesprochen haben soll ("Wenn du das liest, wirst du dereinst der Lehrmeister eines Königs werden" ; s.p. 9), leicht modifiziert auch im San-lüeh 1.1b auftaucht, legt den Schluß nahe, daß er zur Legitimierung des San-lüeh bewußt aus der Geschichte im Shih-chi übernommen wurde.

Die Gesamtheit der oben aufgeführten Punkte läßt den Schluß zu, daß das San-lüeh wahrscheinlich in der frühen Östlichen Han-Dynastie (25-220 A.D.) verfaßt wurde, wobei die ausgehende Westliche Han-Dynastie als Entstehungszeit nicht ausgeschlossen werden kann. (114)

DREI AUSGABEN DES SAN-LÜEH

Aus der Vielzahl der chinesischen Ausgaben des San-lüeh (115) wurden zur Übersetzung und Bearbeitung des Textes die folgenden drei ausgewählt :

A) Wu-ching ch'i-shu 武經七書 Ausgabe im Hsü ku-i ts'ung-shu 續古逸叢書, Shanghai 1935, nachgedruckt im Pai-pu ts'ung-shu chi-ch'eng 百部叢書集成, Taipei 1965.
Als älteste Ausgabe wurde sie zur Grundlage für die Übersetzung bestimmt.

B) Wu-ching chih-chieh 武經直解 von Liu Yin 劉寅. Ausgabe von 1486.

C) Ssu-k'u ch'üan-shu 四庫全書 Ausgabe.

Diese drei Ausgaben sollen nachfolgend beschrieben und auf ihre Geschichte hin untersucht werden. Von den Vorworten der Ausgabe B) wird nur ihr hierfür relevanter Inhalt zusammengefaßt.

Zu A)

Die Herkunft der Wu-ching ch'i-shu Ausgabe im Hsü ku-i ts'ung-shu läßt sich gut zurückverfolgen :

Die Commercial Press in Shanghai benutzte für ihren Reprint dieser Ausgabe im Jahre 1935 einen Druck aus dem Seikadō bunko 靜嘉堂文庫 in Tokyo. Laut Katalog dieser Bibliothek (116) handelte es sich hier um einen Sung-Druck, der aus der Pi-sung lou 皕宋樓

Bibliothek von Lu Hsin-yüan 陸心源 (1834-1894) stammt. In der Beschreibung seiner Bibliotheksbestände weist Lu Hsin-yüan bei den Sung-Drucken der Sieben Militärklassiker unter anderem darauf hin, daß in der Mitte jedes Blattes, dem pan-hsin 版心, die Namen der Druckblockschnitzer verzeichnet stehen, und er vermutet, daß es sich hier um einen offiziellen Druck aus der Zeit der Nördlichen Sung handelt. (117)

Erstere Vermutung wird durch einen länglichen Stempelaufdruck auf der ersten Seite des Inhaltsverzeichnisses dieser Ausgabe bestätigt, der die vier Schriftzeichen li-pu kuan-shu 禮部官書 "Offizieller Druck des Ritenministeriums" trägt. Jedoch die Annahme, daß dieser Druck aus der Nördlichen Sung Dynastie (960-1127) stammt, kann seit Nagasawa Kikuyas Studie über die Namen von Druckblockschnitzern in der Sung Zeit korrigiert und genauer bestimmt werden. Nagasawa kommt in seiner Untersuchung zu dem Schluß, daß diese Ausgabe der Sieben Militärklassiker zur Regierungszeit des Kaisers Kuang-tsung 光宗 (1190-1194) in Che-chiang gedruckt wurde. (118)

Zu B)

Wu-ching chih-chieh "Unmittelbare Erklärungen zu den Militärklassikern". Obwohl chih-chieh normalerweise einen ganz bestimmten Typus von Erklärungen bezeichnet, nämlich in reiner Umgangssprache gehaltene (119), gehört das Wu-ching chih-chieh nicht zu dieser Art. Liu Yins Erläuterungen sind durchweg schriftsprachlich und an vielen Stellen mit historischen Beispielen belegt, die oft einen Bezug zwischen den Drei Strategien und der Karriere von Chang Liang aufzeigen sollen.

Die Ausgabe von 1486 hat vier Vorworte, die im folgenden mit a) bis d) bezeichnet werden.

a) Datiert 1486, verfaßt von Li Min 李敏 (1454 chin-shih) aus Hsiang-ch'eng 襄城 .(120) Li Min war nach seinen eigenen Angaben zusammen mit Chang Mou 張懋 (1441-1515) (121) anläßlich einer Prüfung für Studenten der Militärakademie 武學 Zeuge, daß die Schüler zum Studium minderwertige Ausgaben (der Militärklassiker) zur Verfügung hatten. Die alten Kommentare zum Sun-tzu waren stellenweise unklar, Wu-tzu und die anderen Texte waren besonders fehlerhaft. Chang Mou war hierüber beunruhigt und brachte schließlich (ein Exemplar des) Wu-ching chih-chieh von Liu Yin herbei, das in seiner Familie aufbewahrt wurde, und zeigte es Li Min. Li studierte es wiederholt und fand den Kommentar und die Erklärungen so ausführlich und klar, daß es nach seiner Meinung keines Lehrers mehr bedurfte um den Inhalt zu verstehen. Li wollte es drucken lassen, um seine Verbreitung zu fördern, mußte den Plan aber wegen einer Erkrankung fallen lassen. Nach seiner Genesung wurde er als "Haupt-Vizezensor zur Linken" 左副都御史 auf Reisen durch das Land geschickt, wobei er stets dieses Buch bei sich trug. Während eines Aufenthaltes in Pao-ting 保定 (im heutigen Ho-pei) beauftragte er den dortigen Präfekten Wang Tsung 王琮 aus Ch'ing-yüan 清苑 (in der Präfektur Pao-ting), der sich gerade wegen eines Trauerfalles aus dem Dienst zurückgezogen hatte (122), damit, (das Buch) zu redigieren. Gerade als diese Arbeit vollendet war, kam der "Ermittlungszensor" 監察御史 Chao Ying 趙英 in Sachen des Präfektes. Als er das Buch sah, war er erfreut und ordnete den Druck an. Auch bat er Li Min, ein Vorwort dafür zu verfassen (1a-2b). ...

b) Das von Chao Ying im selben Jahr (1486) abgefaßte Vorwort bestätigt in knapper Form die Angaben von Li Min. Chao berichtet jedoch, daß die Anordnung zur Drucklegung von Li Min ausgegangen sei und dieser ihn gebeten habe, ebenfalls ein Vorwort zu schreiben (1a-b).

c) Beim dritten Vorwort ist nicht nur der Verfasser unbekannt - auch das Datum, das am Ende (2b) mit hung-wu jen-wu 洪武壬午 angegeben ist, läßt sich nicht mit letzter Sicherheit festlegen : In der hung-wu Ära (1368-1398) gab es kein Jahr mit der zyklischen Bezeichnung jen-wu . Da sich der anonyme Verfasser jedoch auf das von Liu Yin selbst stammende Vorwort d) bezieht, das das Datum des 9. Monats des Jahres 1398 trägt, ist es unwahrscheinlich, daß c) noch in der hung-wu Ära geschrieben wurde (und somit die Spezifizierung jen-wu falsch wäre). Vielmehr können wir annehmen, daß mit jen-wu das Jahr 1402, in der auf hung-wu folgenden chien-wen 建文 Ära gemeint ist.

Der Verfasser berichtet, daß, nachdem das (Wu-ching) chih-chieh fertiggestellt worden war, der Garde-Kommandeur 指揮使 der Rechten Garde 右衛 in Yunnan 雲南 , ein Herr Sun 孫侯 aus Lo-an 樂安 (123), sich über den Eifer von Kung-ch'en 拱辰 (Mannesname von Liu Yin) freute und dieses Werk drucken lassen wollte um seine Verbreitung zu fördern, und ihn veranlaßte, ein Vorwort dafür zu schreiben.

Der anonyme Verfasser merkt an : Kung-ch'en heißt mit Vornamen Yin und stammt aus (dem Distrikt) Kuo 崞 in (der Präfektur) T'ai-yüan 太原 in (der Provinz) Shanhsi 山西 . Sein Vater war der zurückgezogene Gelehrte aus dem Chrysanthemen-Studio. (124) Einst hatte er sich zur

"Prinzipienlehre" (125) bekannt, und bisweilen redete er mit Sachverstand vom Militärwesen. Ende der Yüan-Zeit war er Instruktor in seinem Heimatdorf gewesen. In der jetzigen (Sung-) Dynastie hatte Kung-ch'en im h s i n - h a i Jahr der Ära k u n g - w u (1371) die Prüfung als Doktor (c h i n - s h i h) bestanden (...)." (p. 1a-b)

d) Stammt von Liu Yin, dem Verfasser des W u - c h i n g c h i h - c h i e h. Nach Lius Aussagen war im 30. Jahr der Ära h u n g - w u (1397) vom Kaiser T'ai-tsu eine Anweisung ergangen, daß die Söhne und Enkel von Militärbeamten die Bücher über die Kriegskunst studieren sollten. Diejenigen von ihnen, die sie gründlich verstanden hätten, sollten zu gegebener Zeit vor ihrer Anstellung darin geprüft werden. Liu Yin besah sich den alten Kommentar zum S u n - t z u , der voller Widersprüche der verschiedenen Kommentatoren und nicht einheitlich war, so daß es für den Studierenden schwierig war, ihn gänzlich zu verstehen. W u - t z u eingeschlossen, hatten die sechs anderen Bücher keinen Kommentar und waren minderwertige Ausgaben, voller Mängel und Fehler. Obwohl sie einst mündlich überliefert worden waren, konnte man am Ende ihre Grundsätze nicht voll verstehen. Daraufhin nahm Liu diese Bücher, strich das Überflüssige, griff das Wichtigste heraus, urteilte gemäß den profunden Leitlinien der frühen Konfuzianer, die in den Klassikern und Überlieferungen stehen, und verifizierte sie anhand dessen, was man täglich hört, und den Sprüchen der Väter und Lehrer. Fehler wurden untersucht und korrigiert, Auslassungen revidiert und ergänzt, obskure und subtile Stellen herausgestellt und offenkundig gemacht, Hinzufügungen identifiziert und abgetrennt. Im darauffolgenden Jahr (1398) wurde das Manuskript fertig. Ebenfalls in jenem Jahr wurde das Buch

fertiggestellt. Es hatte 25 chüan mit 114 Abschnitten (p'ien) und insgesamt einigen 10 000 Wörtern. Der Titel lautete "Wu-ching chih-chieh".
Die aus den verschiedenen Büchern der Konfuzianer entnommenen, von den früheren Heiligen und Weisen verfaßten Passagen, die einen Bezug zur Kriegskunst haben, wurden als Anhang zusammengefaßt und (dem Buch) vorangestellt, als Hilfsmittel zum Studium für solche, die wenig beschlagen sind. Sie sind keineswegs für den Kenner gedacht (...). (pp 3a-b). Das Vorwort ist verfaßt von Liu Yin aus T'ai-yüan, der im hsin-hai Jahr (1371) die chin-shih Prüfung bestanden hat, am 15. Tag (126) des 9. Monats (127) im wu-yin Jahr der hung-wu Ära (1398). (p. 4 b)

Zu C)

Obwohl die Ssu-k'u ch'üan-shu Ausgabe des San-lüeh relativ jungen Datums ist, läßt sich ihre Hinzuziehung wegen der wichtigen Rolle des Ssu-k'u ch'üan-shu als Sammelwerk rechtfertigen.
Dieses Werk wurde auf Anordnung des Ch'ien-lung 乾隆 Kaisers in den Jahren 1773-82 zusammengestellt.
Die deskriptive Notiz über das San-lüeh, die, zusammen mit der Anmerkung über das San-lüeh chih-chieh (San-lüeh der Wu-ching chih-chieh Ausgabe) den eigentlichen Texten vorangeht, ist mit 1780 datiert. Als Hauptkompilatoren (tsung-tsuan kuan 總纂官) unterzeichneten sie Chi Yün 紀昀, Lu Hsi-hsiung 陸錫熊 und Sun Shih-i 孫士毅; als Hauptbearbeiter (tsung-chiao kuan 總校官) zeichnete Lu Fei-ch'ih 陸費墀 verantwortlich.

Es ist nicht vermerkt, welche Ausgabe des San-lüeh die Kompilatoren als Grundlage für die Ssu-k'u ch'üan-shu Edition nahmen. Das Ssu-k'u ch'üan-shu tsung-mu 總目 (99.8b) gibt an, es habe sich um eine "gebräuchliche Ausgabe" (t'ung-hsing pen 通行本) gehandelt. (128)
Diese Ausgabe besitzt, ebenso wie A), keinen Kommentar.

ANMERKUNGEN ZU pp. 6 - 50

1) 張良 (tzu: Tzu-fang 子房 ; ca. 250-189 v. Chr.), diente Liu Pang, dem späteren Han Kao-tsu, als Berater und half ihm, die Han-Dynastie zu errichten. Seine Biographie findet sich im Shih-chi 史記 55.2033-49 und im Han-shu 漢書 40.2023-38.

2) 下邳 , im heutigen Kiangsu.

3) i pien shu 一編書.

4) 濟北 , im heutigen Shantung.

5) 穀城山 , auch unter dem Namen Huang-shan 黃山 bekannt.

6) T'ai kung ping-fa 太公兵法 . T'ai kung ist ein Beiname von Lü Wang 呂望 . Als Helfer von König Wen und König Wu soll er zur Gründung der Chou-Dynastie beigetragen haben. Als neuere Untersuchung über T'ai-kung s. den Aufsatz Chiang T'ai-kung k'ao 姜太公考 von Tai Lo-chih 戴樂志.

7) Shih-chi 55.2034-5 ; Übersetzung : Bauer, pp. 139-40.

8) Shih-chi 55.2049.

9) i-shang lao-jen 圯上老人 . Vgl. Chih-chai shu-lu chieh-t'i 直齋書錄解題 12.15a.

10) Hsia-p'ei shen-jen 下邳神人 . Vgl. Sui-shu 隋書 34.1013.

11) Zum ersten Male nachweisbar bei Li K'ang 李康 (ca. 196-264) ; s.p. 27.

12) 鄭瑗 (tzu: Chung-pi 仲璧 ; 1481 chin-shih).

13) Ching-kuan so-yen 井觀瑣言 2.16a-b.

14) Ssu-k'u ch'üan-shu chien-ming mu-lu 四庫全書簡明目錄 9.369.

15) 真德秀 (tzu : Ching-yüan 景元 , Ching-hsi 景希 ; 1178-1235).

16) aus San-lüeh 1.1a,9-10.

17) Hsi-shan hsien-sheng Chen wen-chung kung wen-chi 西山先生真文忠公文集 36.27a-b.

18) Als annotierte Ausgabe s. z.B. Yin-ch'üeh shan Han-mu chu-chien Sun-tzu ping-fa 銀雀山漢墓竹簡孫子兵法. Eine kurze Übersicht über die Textdifferenzen gibt Balmforth, pp. 113-22.

19) Da diese erste deutsche Übersetzung nur schwer erhältlich ist (s. Sun Tze in der Übersetzung von Becker, p. 106 und Griffith, pp. 182-3), soll sie an dieser Stelle kurz beschrieben werden. In dem 80 pp. umfassenden illustrierten Büchlein, das 1910 bei Boll u. Pickardt in Berlin erschien, finden sich eine Übersetzung des Sun-tzu (pp. 13-46) in 12 Kapiteln (Kapitel VIII fehlt gänzlich!), Auszüge aus dem Wu-tzu (pp. 47-62), und 8 "Altchinesische Kriegsgesänge" aus dem Shih-ching (Buch der Lieder), die auf pp. 65-80 das Büchlein beschließen. Navarras Übersetzung läßt zu viel zu wünschen übrig, um sie heute noch zu zitieren. Das einzige mir bekannte Exemplar besitzt die Universitätsbibliothek Tübingen.

20) Strätz, pp. 24-26.

21) Wu-tzu 1.5a-b und 1.8a-b, Hsü ku-i ts'ung-shu Ausgabe der Sieben Militärklassiker.

22) Die analogen Passagen sind bei Strätz, p. 25, angegeben.

23) Als Appendix I in : Sun Tzu, The Art of War, pp. 150-68.

24) Ch'un-ch'iu shih-ch'i ti pu-ping 春秋時期的步兵 pp. 131-147.

25) Three Military Classics of China, pp. 25-37. Die beiden anderen übersetzten Texte sind Sun-tzu (pp. 7-24) und Wu-tzu (pp. 38-54).

26) s. p. 18. Der Frage der Authentizität dieser Dialoge ist auch ein Kapitel in Ch'un-ch'iu shih-ch'i ti pu-ping (pp.148-56) gewidmet.

27) Boodberg, Vorbemerkung (ohne Seitenzahl).

28) Weigand, pp. 13-16.

29) z.B. in : Wei Liao tzu chu-shih 尉繚子注釋 pp. 111-144.

30) s. pp. 41-3.

31) Strätz, p. 12.

32) vgl. Strätz, p. 1.

33) Der rekonstruierte und annotierte Text und ein Fundbericht finden sich z.B. in : Yin-ch'üeh shan Han-mu chu-chien Sun Pin ping-fa 銀雀山漢墓竹簡孫臏兵法 .

34) Balmforth, pp. 164, 183.

35) Das genaue Datum des Erlasses ist nicht klar. Das Hsü tzu-chih t'ung-chien ch'ang-pien 續資治通鑑長編 303.9b gibt 元豐三年四月乙未 an. Das zyklische Zeichen i-wei 乙未 traf auf den 2. Tag des 4. Monats in jenem Jahr. Nach dem westlichen Kalender wäre dies der 24. April 1080. Im Sung hui-yao chi-kao 宋會要輯稿

fasc. 55, ch'ung-ju 4.10a hingegen findet sich die Angabe 元豐三年四月一日. Dies wäre der 23. April 1080. Das Yü-hai 玉海 140.19a beschränkt sich auf die Monats- und Jahresangabe.

36) tzu: Hsing-chung 行中; seine Biographie in der Sung-Geschichte, Sung-shih 宋史 347.11004-5, erwähnt nichts von dieser Arbeit. Chu Fu hatte zu dieser Zeit den Rang eines Vize-Direktors für Erziehung, kuo-tzu ssu-yeh 國子司業.

37) tzu: Cheng-t'ung 正通, aus P'u-ch'eng 浦城 in Fu-chien. Er war als Instruktor an der Militärschule, wu-hsüeh chiao-shou 武學教授, tätig und wurde zum Professor, po-shih 博士, ernannt (s. Sung-shih i 宋史翼 26.13a-14a). Zu weiteren Einzelheiten über Ho Ch'ü-fei s. Frantzell (p.14 ff.), der dessen Werk Ho po-shih pei-lun 何博士備論 übersetzt hat.
Das P'u-ch'eng hsien chih 浦城縣志 führt (ohne Angabe der Quelle) ein erklärendes Werk zum San-lüeh mit dem Titel San-lüeh chiang-i 三略講義 auf, das von Ho verfaßt wurde. Dieses Werk ist heute verloren.

38) Chao-te hsien-sheng chün-chai tu-shu chih 昭德先生郡齋讀書志 3B.20a.

39) s. Anmerkung 43.

40) 東坡先生, Su Shih 蘇軾.

41) tzu: T'ien-yin 天隱; 1027 chin-shih.

42) 奉常公. Gemeint ist Su Hsün 蘇洵, der Vater von Su Shih (s. Chih-chai shu-lu chieh-t'i, loc. cit.). Die Biographie von Su Hsün (Sung-shih 443.13093-7) gibt keinen Hinweis darauf, daß er einen solchen Titel trug. Es wird

jedoch erwähnt, daß er an der Zusammenstellung des T'ai-ch'ang yin-ko li 太常因革禮 in 100 chüan mitarbeitete. Da Feng-ch'ang eine alte Bezeichnung für T'ai-ch'ang (Amt für das kaiserliche Opfer) ist, wäre die Bezeichnung Feng-ch'ang kung verständlich.

43) Ch'un-chu chi-wen 春渚紀聞 5.2b; (biographische Angaben zum Verfasser dieses Werkes finden sich im Yin-shih Ho chün mu-chih 隱士何君墓誌, in Tung-mou chi 東牟集 14.9a-13a von Hos Zeitgenossen Wang Yang 王洋). Ch'en Shih-tao 陳師道 (tzu: Wu-chi 無己; 1053-1101) bestätigt diese Aussage in seinem Werk Hou-shan t'an-ts'ung 後山談叢 2.13. Vgl. auch Chih-chai shu-lu chieh-t'i 12.15b-16a.

44) Nach westlichem Kalender der 26.12.1083. Möglicherweise hatte Chu Fu zu diesem Zeitpunkt seinen Auftrag bereits erledigt, und gibt quasi einen Rückblick auf seine Arbeit.

45) 臣諸, bedeutungsgleich mit 諸臣. Gemeint sind wohl Chu Fu und Ho Ch'ü-fei.

46) Sung hui-yao chi-kao (fasc.55), ch'ung-ju 4.10a-b.

47) 子鈔; das Werk ist heute verloren. Erhalten ist lediglich die Liste der Bücher, aus denen Yü Chung-jung sein Tzu-ch'ao kompilierte. Sie findet sich als bibliographischer Appendix im Tzu-lüeh 子略 von Kao Ssu-sun 高似孫 (fl. 1184). Zu Yü Chung-jung, Kao Ssu-sun und ihren Werken, s. Piet van der Loon, On the Transmission of Kuan-tzu, p. 367.

48) Tzu-lüeh, bibliographisches Kapitel, p. 12a.

49) s. auch p. 27.

50) I-lin 6.9a-b. Das 6. Kapitel des I-lin ist nur in Frag-

menten erhalten. Der Eintrag über das Huang-shih kung chi wurde aus dem Shuo-fu 說郛 11.32a entnommen.

51) 七錄 von Juan Hsiao-hsü 阮孝緒 (479-536). Von diesem Werk sind nur noch das Vorwort (laut dem Juan sein Werk im Jahre 523 begann) und das Inhaltsverzeichnis im Kuang hung-ming chi 廣弘明集 erhalten. Dort (3.10b) findet sich lediglich der Eintrag:" Militärabteilung. 58 Arten, 61 chih 帙, 245 chüan 卷 ." Das Huang-shih kung chi ist nicht verzeichnet.
Es ist nicht klar, woher Sun I-jang seine Information über einen solchen Titel im Ch'i-lu hat. Wahrscheinlich nimmt er an, daß der Eintrag "In der Liang-Zeit gab es ... 梁有 " im Sui-shu ching-chi chih (Sui-shu 34.1013) nur auf das Ch'i-lu zurückgehen kann. Eine solche Annahme ist nicht ganz gerechtfertigt : Yü Chia-hsi 余嘉錫 weist am Schluß seiner Kritik zum Ssu-ma fa (Ssu-k'u t'i-yao pien-cheng 四庫提要辨證 11.598) darauf hin, daß ein solcher Eintrag in den bibliographischen Kapiteln des Sui-shu nicht unbedingt auf das Ch'i-lu zurückzuführen ist, sondern eventuell auch auf das Wen-te tien shu-mu 文德殿書目 , das ebenfalls ein kaiserlicher Katalog der Liang-Zeit war.

52) Hou Han-shu 18.695-6.

53) Hou Han-shu 30B.1078 ; 74A.2392; 74A.2398; 79A.2565.

54) Hou Han-shu 21.763.

55) Wen-hsüan 4.11a ; 21.21b; 37.13b; 37.25a; 44.9a .

56) Wen-hsüan 28.6b; 34.21a ; 35.14b.

57) Pei-t'ang shu-ch'ao 33.2a; 113.7a ; 113.7b; 113.8a; 115.1a (1,2); 115.2b ; 115.3a ; 115.3b (1,2); 117.5a ; 117.7b ; 132.2b .

58) Pei-t'ang shu-ch'ao 113.4a; 117.2a (1,2); 117.9a ; 117.9b; 148.13b .

59) I-wen lei-chü 20.363; 59.1059 .

60) I-wen lei-chü 72.1246 .

61) Ch'u-hsüeh chi 9.204; 17.410 .

62) Ch'u-hsüeh chi 1.12; 26.634 .

63) Shi-i chia chu Sun-tzu 2.116 (chün-cheng p'ien), im Kommentar von Tu Mu 杜牧 ; 2.128 (chün-cheng p'ien), im Kommentar von Chang Yü 張預 .

64) K'ai-yüan chan-ching 38.10a .

65) I-lin 6.9a-b ; obwohl typographisch nicht voneinander abgesetzt, handelt es sich um zwei Zitate.

66) T'ai-p'ing yü-lan 77.6b ; 77.7a ; 271.1b ; 273.3a; 281.4a (1,2,3); 300.8a ; 340.5a ; 420.7a ; 700.7b ; 760.8b .

67) T'ai-p'ing yü-lan 6.5b ; 271.1b ; 301,5b ; 301.6a ; 307.10a ; 475.6a ; 845.2a .

68) Wie schon oben erwähnt, wird das gleiche Zitat bisweilen unter verschiedenen Titeln angeführt. Eine Tabelle der Zitat-Dubletten findet sich im Appendix.

69) Dieser Abschnitt findet sich im heutigen San-lüeh 1.1a,6-7.

70) San-lüeh 3.1b,2-7.

71) Hua Chiao starb 293 A.D. Sein Han hou-shu behandelte einen Zeitraum von 195 Jahren, von Kuang-wu ti 光武帝 bis Hsien-ti 獻帝 . Hua Chiaos Biographie findet sich im Chin-shu 44.1263-5. Zu seinem Werk s. Bielenstein, pp. 12-13. Von diesem ursprünglich 97 chüan umfassenden Han hou-shu, das später irrtümlich Hou Han-shu genannt wurde,

sind nur noch Fragmente erhalten. Sie bilden zwei chüan im Ch'i-chia Hou Han-shu 七家後漢書, das von Wang Wen-t'ai 汪文臺 kompiliert wurde. Von der Lebensbeschreibung Tsang Kungs, die Hua Chiao verfaßt hatte, sind allerdings nur die drei Passagen erhalten, die Li Hsien in seinen Anmerkungen zum Hou Han-shu 18.692-3 zitiert; s. Han hou-shu 1.4a-b.

72) Hou Han-shu pu-chu 後漢書補注 17.780. Hui Tung verweist hierzu auf ein Zitat aus dem Hsien-ti chuan 獻帝傳, das diese Version haben soll. Offensichtlich hat Hui Tung hier fehlerhaft zitiert, denn dieses Zitat findet sich zuerst in dem 429 A.D. vollendeten Kommentar von P'ei Sung-chih 裴松之 zur Biographie von Yüan Shao im San-kuo chih 三國志 6.196-7, wo es lautet: "Wenn der Untertan mit dem Herrscher nicht gleich ist, (so bedeutet das) Blüte. Wenn der Herrscher mit dem Untertan gleich ist, (so bedeutet das) Untergang". Der Kommentar von Li Hsien (Hou Han-shu 74A. 2392) hierzu bezieht sich allerdings auf die Version, die Hui Tung für die richtige hält.

Vom Hsien-ti chuan, das nur in Fragmenten erhalten ist, kennen wir weder den Autor, noch wissen wir, wann es verfaßt wurde. Yao Chen-tsung 姚振宗 weist in seinem San-kuo i-wen chih 三國藝文志, p. 34, darauf hin, daß eine Passage aus dem Hsien-ti chuan über ein historisches Ereignis aus dem Jahr 234 berichtet (s. San-kuo chih 3.101-3). Wir können daraus schließen, daß es zwischen 234 und 429 A.D., dem Zeitpunkt der Fertigstellung von P'ei Sung-chihs Kommentar, verfaßt wurde.

73) Nach der Thronbesteigung von Shun-ti 順帝 (126 A.D.) machte Yang Lun eine Eingabe an den Kaiser, in der er diesen Satz schreibt.

74) Dafür finden wir ihn zweimal im Shih-chi, wo er einmal als "Redensart der Taoisten", tao-chia chih yen 道家之言 (Shih-chi 52.2001 ; identisch mit Han-shu 漢書 38.1993) und einmal als "Sprichwort", yü 語 , (Shih-chi 78.2399) verbatim zitiert wird. Es handelt sich offensichtlich um eine durchaus gebräuchliche Redensart, die ihren Ursprung nicht erst im San-lüeh hat.

75) San-lüeh 3.3b,1 und 3.3a,2-3.

76) Wen-hsüan 53.8a. Das P'ien-tzu lei-pien 駢字類編 90.13a gibt als Verfasser des Yün-ming lun fälschlicherweise Liu Chün 劉峻 (tzu : Hsia-piao 孝標 ; 462-521) an. Liu Chün ist der Verfasser des Pien-ming lun 辨命論 (I-wen lei-chü 21.386-7), in dem sich keinerlei Bezug zum San-lüeh findet. Die Verwechslung rührt wohl von der Ähnlichkeit der Titel.

77) tzu : Hsiao-yüan 蕭遠 .

78) Li Shan zitiert dieses Vorwort an vier Stellen : Wen-hsüan 20.11a ; 36.6a (verbessere shuo 說 zu chi 記); 53.8a ; 58.9b. Bei diesem hsü 序 muß es sich jedoch nicht unbedingt um ein Vorwort (oder Nachwort) im heutigen Sinne gehandelt haben. Zur Zeit von Li Shan (gest. 689) kann dies auch eine gesonderte Schriftrolle gewesen sein, die eine Einführung in den Text gab und/oder eine "Biographie" des Herrn vom Gelben Stein enthielt.

79) Es ist nicht klar, um welche Flußkarte, ho-t'u 河圖 , es sich in diesem Zitat handelt, da der Titel nicht weiter spezifiziert ist. Vgl. auch Yasui Kōzan und Nakamura Shōhachi, vol. 6, p. 140.

80) tzu : Yen-ming 延明 .

81) Wei-shu 魏書 52.1160 und Pei-shih 北史 34.1268. (Die Biographien im Wei-shu wurden 554 A.D. vollendet, die Verbreitung der Pei-shih 659 A.D. vom T'ang-Hof genehmigt.

82) Wei-shu 52.1160-1 ; Pei-shih 34.1267-8.

83) Laut Biographie hatte Liu eine Stellung bei Li Kao 李暠 (gest. 417), dem Gründer der Westlichen Liang- 西涼 Dynastie. Als im Jahre 421 die Westliche Liang- durch den Herrscher der Nördlichen Liang- 北涼 Dynastie, Chü-ch'ü Meng-hsün 沮渠蒙遜 (gest. 433), ihr Ende fand, bekam Liu wieder eine Anstellung. Er wurde als Sekretär mit der Kommentierung und Aufzeichnung von Schriften betraut. 439 wurde die Nördliche Liang- durch die Nördliche Wei- 北魏 Dynastie abgelöst. Zu diesem Zeitpunkt war Liu über 70 Jahre alt, und mehr als ein Jahr darauf starb er.

84) Die Verfasser des Wei-shu und der Pei-shih, Wei Shou 魏收 (505-572) und Li Yen-shou 李延壽 (7. Jhdt.), schreiben zwar beide : "... seine Kommentare zum (...) Huang-shih kung San-lüeh (...) sind verbreitet", jedoch lassen sie sich in keinem Katalog nachweisen.

85) Sung-shu 67.1744. Das Chuan-cheng fu samt Vorwort ist in der Biographie von Hsieh Ling-yün (Sung-shu 67.1743-1779) wiedergegeben.

86) Sung-shu 67.1743.

87) I-wen lei-chü 13.257.

88) Wegen der Parallelität ihrer Titel, "Drei Strategien" und "Sechs Futterale" werden diese beiden Texte vor allem auch in der späteren Dichtung oft zusammen genannt.

89) T'ang hui-yao 唐會要 36.651.

90) Vom San-lüeh gibt es, im Gegensatz z.B. zum Liu-t'ao, kein Tung-huang Manuskript.

91) s. p.28.

92) s. p.20.

93) Das San-lüeh mit Kommentar von Ch'eng wird noch in den bibliographischen Kapiteln der Sung-Geschichte (Sung-shih 207.5278) aufgeführt. Diese Kapitel basieren auf Bibliographien verschiedener "Geschichten der gegenwärtigen Dynastie", kuo-shih 國史, aus der Sung-Zeit, die sich wiederum auf Kataloge wie Ch'ung-wen tsung-mu und andere gründen. Deshalb ist nicht feststellbar, woher der Eintrag in der Sung-Geschichte stammt.

94) Außerdem ist ein San-lüeh hsün 三略訓 in 3 chüan aufgeführt, für das im Hsin T'ang-shu 59.1549 ein gewisser Ch'eng 成氏 als Verfasser angegeben ist. Offensichtlich handelt es sich hier um den oben schon besprochenen Kommentar von Ch'eng zum San-lüeh.

95) s. van der Loon, pp. 368-9.

96) op. cit., p. 369.

97) Huang-shi jih-ch'ao 黄氏日抄 58.15b.

98) Für den Untertan wird nur das 2. Kapitel als bedeutsam dargestellt, wohingegen für den Herrscher alle drei Kapitel wichtig sind.

99) Laut San-lüeh 2.2a,5 stellt die Erste Strategie (Regeln für) Riten und Belohnungen auf. Doch gerade diese Themen werden vornehmlich in dem Teil des San-lüeh behandelt, den Seki Shigehide als Zweite Strategie betrachtet.

100) Das Zeichen 渴 ist bei Lo und Chou nicht verzeichnet. Karlgren gibt die Aussprachen für 達 (No. 271b) als +d'ât/d'ât und für (No. 313j) als +k'ât/k'ât an. Sie gehören also der selben Reimkategorie an. Vgl. auch Ting Pang-hsin, p. 191.

101) 賞 , bei Lo und Chou nicht verzeichnet. Karlgren : 賞 (No. 725n) +śi̯ang/śi̯ang ; 往 (No. 739k) +gi̯wang/ji̯wang.

102) Für 若 lies 汝 .

103) 蹈 , bei Lo und Chou nicht verzeichnet. Karlgren : 道 (No. 1048a) +d'ôg/d'âu ; 蹈 (No. 10781) +d'ôg/d'âu.

104) Das Zeichen 靈 (statt 虛) in der Wu-ching ch'i-shu Ausgabe ist ein offensichtlicher Fehler (vgl. Tabelle der Textdifferenzen im Anhang).

105) 斃 , bei Lo und Chou nicht verzeichnet. Die Zeichen 敝 弊 und 蔽 stehen in der Kategorie 祭 . Karlgren : (No. 341f) +b'i̯ad/b'i̯äi ; (No. 339a) +śi̯ad/śi̯äi.

106) Das I-wen lei-chü 20.363 schreibt 存 statt 全 . 存 gehört zur Kategorie 真 .

107) 東 冬 pp. 175-7 ; 歌 支 p.153 ; 陽 蒸 pp.173-81 ; 宵 幽 之 pp. 125-39 ; 真 元 pp.198-208 ; 宵 魚 pp. 139-43.

108) In seinem Werk "Chinese Phonology of the Wei-Chin Period" führt Ting Pang-hsin genauer aus, daß in der Wei-Chin Zeit (die auf die Han-Zeit folgte) z.B. keine Kontakte mehr zwischen den Reimkategorien 宵 und 魚 nachweisbar sind (pp. 248,256), ebenso gab es keine Kontakte mehr zwischen 之 und 幽 (pp. 248,257). Zu 東 und 冬 s. op. cit., p. 249 ; zu 歌 und 支 , p. 251 ; zu 宵 , 幽 und 之 , pp. 248, 256-7.

109) Bielensteins Untersuchungen über das Hou Han-shu weisen in die selbe Richtung. Er schreibt (p. 81) : "The HHS contains a considerable amount of secondary material : a) Except for speeches of the emperor or such delivered in his presence, a great part of the remaining speeches are more or less free inventions of the historian himself. (...)"
Da es sich bei dem vorliegenden Passus aber nicht nur um eine Rede des Kaisers, sondern sogar um ein von ihm verfaßtes Dokument handelt, könnte er demzufolge als authentisch angesehen werden.

110) Im Huai-nan tzu 16.6b und im Fu-niao fu 鵩鳥賦 von Chia I 賈誼 (201-169 v. Chr.), Wen-hsüan 13.17a ; das Fu-niao fu wurde ca. 175-173 v. Chr. verfaßt (vgl. Hightower, p. 129 Anmerkung 3).
Zu den Anfängen der ch'an-Werke, s. Ch'an-wei shih-ming 讖緯釋名 von Ch'en P'an 陳槃, p. 302, und Dull. pp. 11-3.

111) Hou Han-shu 82A.2705.

112) Kuan-tzu t'an-yüan 管子探源 von Lo Ken-tse 羅根澤 pp. 269-70.

113) s. Anmerkung 74) zu "Textgeschichte und Textkritik", und Anmerkungen 51) und 65) zur Übersetzung.

114) Aus der Tatsache, daß im bibliographischen Kapitel des Han-shu das San-lüeh nicht verzeichnet ist, darf nicht unbedingt geschlossen werden, daß der Text zu jener Zeit nicht existierte, da z.B. auch das Liu-t'ao dort nicht namentlich erwähnt ist.
Zum Han-shu i-wen chih s. van der Loon, pp. 358-66.
Zum Fehlen des Liu-t'ao in der Han-shu Bibliographie s. Strätz, pp. 15-7.

115) s. Chou Ch'in Han Wei chu-tzu chih-chien shu-mu 周秦漢魏諸子知見書目 von Yen Ling-feng 嚴靈峯 (vol. 4), pp. 293-313. Diese Bibliographie ist zwar nur bedingt verläßlich, doch ist sie umfassender und auch genauer als das Chung-kuo ping-hsüeh hsien-ts'un shu-mu 中國兵學現存書目 von Lu Ta-chieh 陸達節 .

116) Seikadō bunko kanseki bunrui mokuroku ; seizoku 靜嘉堂文庫漢籍分類目錄, 正續, p. 45.

117) Pi-sung lou tsang-shu chih 皕宋樓藏書志 42.1a-2a.

118) Nagasawa Kikuya 長澤規矩也 , Sō kampon kokukō meihyō shokō 宋刊本刻工名表初稿 p. 80 ; vgl. auch Nan-Sung ti tiao-pan yin-shua 南宋的雕版印刷 von Su Pai 宿白 , p. 23.

119) Der Chih-chieh Typus von Erklärungen war vor allem in der Yüan-Zeit (1271-1368) gängig. Nach Yoshikawa Kojirō (pp. 325-9) wurden konfuzianische Texte, wie der Pietätsklassiker, die Vier Bücher etc., mit dieser Art von Erklärungen versehen und am Hof der Mongolenherrscher als Unterrrichtsbücher gebraucht. Entstanden waren die Chih-chieh Erklärungen jedoch schon unter einer früheren nicht-chinesischen Dynastie, der der Chin (1115-1234), und wurden, entgegen ihrem ursprünglichen Zweck, nämlich dem Nachwuchs der fremden Herrscherhäuser das Standardrepertoire an orthodoxer Literatur leichter verständlich zu machen, auch noch in der Ming-Zeit (1368-1644) verfaßt.

120) Ming-shih 明史 185.4893-5.

121) Ming-shih 154.4224.

122) shou-chih 守制 bedeutet das Sich-Zurückziehen aus dem öffentlichen Leben wegen eines Trauerfalles in der Familie. Beamte wurden hierzu gewöhnlich vom Dienst beurlaubt, in der Regel für 27 Monate. Im vorliegenden Fall wird Wang Tsung von Chao Ying als neuem Präfekten abgelöst, denn als solcher zeichnet Chao das nachfolgende Vorwort ab.

123) Nicht identifiziert. Mo Yu-chih 莫友芝 schreibt in seinem Lü-t'ing chih-chien ch'uan-pen shu-mu 郘亭知見傳本書目 7.8a, daß er eine solche Ausgabe von Sun noch nie gesehen hat.

124) Chü-chai ch'u-shih 菊齋處士. Über ihn ist nichts Näheres bekannt.

125) tao-hsüeh 道學, die philosophische Richtung von Chu Hsi 朱熹 und anderen Sung Philosophen.

126) Die Angabe 望日戊戌 ist in sich widersprüchlich. 望日 bezeichnet den 15. Tag eines Monats, das zyklische Zeichen 戊戌 bezeichnet im 9. Monat des Jahres 1398 aber den 26. Tag.

127) lü-chung wu-she 律中無射 ist eine Bezeichnung für den 9. Monat.

128) Für das San-lüeh chih-chieh ist dort (99.9b) die zugrundeliegende Ausgabe als Che-chiang Fan Mou-chu chia T'ien-i ke tsang-pen 浙江范懋柱家天一閣藏本 angegeben.

VORBEMERKUNG ZUR TEXTÜBERSETZUNG

Das San-lüeh, das im Rahmen dieser Arbeit erstmals als Gesamtübersetzung angeboten wird, umfaßt im Chinesischen knapp 4 000 Schriftzeichen. Schon bei einer ersten Betrachtung des Inhalts fällt auf, daß der Text an keiner Stelle von historischen Persönlichkeiten oder Orten spricht, obwohl er wiederholt aus anderen Werken zitiert, ohne dies allerdings zu kennzeichnen. Er führt keinerlei Beispiele an für den Einsatz bestimmter Waffenarten, Musikinstrumente (etwa Trommel und Gong, die Vorrücken und Rückzug signalisieren) oder Heeresformationen (linker, rechter Flügel, Nachhut, etc.). Er spricht nicht von Uniformen und Flaggen oder Strafbedingungen und Strafmaß (wie es etwa der Militärtext Wei Liao tzu tut) und geht nicht ein auf äußere Umstände wie glückverheißende Omen, topologische Gegebenheiten oder gar den Einsatz von Spionen und Feuer, dem der Sun-tzu je ein ganzes Kapitel in seiner Kriegskunst widmet.

Ob man das Nichtbeschreiben solcher Einzelheiten als Oberflächlichkeit des Verfassers bezeichnen kann, oder ob dies vielleicht aus dem Wissen um das zeitweilige Scheitern der Strategien von Meister Sun geschah, mag dahingestellt sein. Doch scheint es, als hätte der Verfasser des San-lüeh sich bemüht, in seinen Theorien nicht allzu konkret zu werden, sondern durch stellenweise unspezifische, manchmal sogar etwas verschwommene Formulierungen, eine möglichst große Allgemeingültigkeit seiner Ideen zu erzielen.

Auf jeden Fall war für ihn der Erfolg oder Mißerfolg bei militärischen Einsätzen eine Frage der Moral der eigenen Truppen und der moralischen Qualitäten des Herrschers und Militärführers. Grundvoraussetzung für Erfolg ist, wie im Text an verschiedenen Stellen hervorgehoben wird, die Harmonie innerhalb des Volkes und der Truppen, und vor allem zwischen Heerführer und Untergebenen. Normen und Verhaltensmaßregeln hierfür werden in unserem Text in großer Zahl aufgelistet. Daß die Mehrzahl solcher Forderungen aus dem Konfuzianismus stammen, ist nicht zu übersehen, wie folgende Beispiele zeigen : "Beim Kriegführen ist größtes Gewicht darauf zu legen, daß die Riten eingehalten und daß großzügige Gehälter gewährt werden" ; oder : "Behandle sie (die eigenen Leute) mit Anstand und ermuntere sie durch Rechtlichkeit, dann geben sie ihr Leben für dich". Doch auch taoistisches Gedankengut ist in den Text eingearbeitet, z. B. : "Das Weiche kann das Harte bezwingen und das Schwache kann das Starke bezwingen" - ein Satz, der sich in ganz ähnlicher Form im T a o - t e c h i n g findet.

Auffällig ist, daß mit fortlaufendem Text den militärischen Themen immer weniger Platz eingeräumt wird. Während sich das erste Kapitel noch fast ausschließlich der Kriegführung widmet, werden militärische Einsätze im mittleren Kapitel nur gelegentlich angesprochen, und das dritte Kapitel beschäftigt sich mit den Tugenden und moralischen Qualitäten, die zum Regieren des Staates und zur Truppenführung unabdingbar sind.

Hervorzuheben wäre noch die knappe, rhythmische (über ganze Passagen gereimte) Struktur des Textes, in dem ganze Sachverhalte oft nur durch vier oder fünf Schriftzeichen ausgedrückt werden. Ich habe versucht, nur an solche Stellen ein paar Wörter zuzufügen, wo sie zum Verständnis unentbehrlich sind, da ein knapper Text auch knapp übersetzt werden sollte. Wenn der Verfasser dieses Militärtraktates an einigen Stellen offengelassen hat, auf wen sich seine Ratschläge beziehen, so sollte diese Absicht nicht durch eine gewaltsame

Interpretation des Übersetzers verfälscht werden.

Textvarianten der verschiedenen Ausgaben sind in den Fußnoten zur Übersetzung nur dann angegeben, wenn sie den Sinn des Textes verändern ; bedeutungsgleiche Textvarianten sind hier nicht angemerkt. Eine synoptische Zusammenstellung aller Textdifferenzen ist im Anhang beigefügt.

Stellenverweise auf sämtliche Sieben Militärklassiker beziehen sich, soweit nicht anders angegeben, auf die Wu-ching ch'i-shu Ausgabe im Hsü ku-i ts'ung-shu.

TEXTÜBERSETZUNG

Die Drei Strategien des Herrn vom Gelben Stein

1.1a Erste Strategie

Zur Methode des Herrschers und Heerführers (1) : Er muß die Herzen der Männer von überragenden Fähigkeiten (2) für sich gewinnen, verdienstvollen Leuten Belohnungen gewähren und mit seinem Streben die Massen durchdringen.

Deshalb, wenn er dasselbe liebt wie die Masse, gibt es nichts, was nicht gelingt ; wenn er das gleiche haßt wie die Masse, dann gibt es nichts, bei dem sie nicht vollkommen hinter ihm steht. (3)

Wenn daher das Land wohl regiert und die Sicherheit der Familien gewährleistet ist, so kommt dies daher, daß er die Menschen für sich gewonnen hat. Wenn aber das Land untergeht und die Familien zerfallen, so rührt dies davon, daß er die Leute nicht für sich gewonnen hat. (4)

Alle Arten von Lebewesen möchten gerne, daß ihre Wünsche erfüllt werden.

In den "Militärischen Prognosen" (5) heißt es :

> Das Weiche kann das Harte bezwingen ; das Schwache kann das Starke bezwingen. (6)

Weichheit ist eine Tugend. Härte ist etwas Schädliches. Der Schwache ist es, dem die Menschen helfen und der Starke ist der, den die Unzufriedenen angreifen. (7)
In manchen Situationen ist es angemessen, Weichheit auszu-

üben, in anderen wiederum, Härte anzuwenden. In manchen Fällen ist es angemessen, Schwäche zu gebrauchen und in anderen, Stärke einzusetzen. (8) Man muß diese vier (Eigenschaften) alle haben und festlegen, wann welche geeignet sind.

Anfang und Ende sind unsichtbar ; wir Menschen können sie nicht erkennen. Die Geister des Himmels und der Erde stehen in wechselseitiger Beziehung mit den Dingen. Veränderung und Bewegung sind unbeständig. Deshalb muß man sich gemäß dem Feind verändern, man soll nichts als erster tun, nur sobald sich der Feind bewegt, ihm jedesmal folgen. (9) Somit kann man seine Vorhaben planen ohne an Grenzen zu stoßen, dazu beitragen, die Autorität des Himmels zu errichten (10), die ganze Welt (11) in Ordnung bringen und die Neun Barbarenstämme (12)
1.1b befrieden. Wer dergestalt plant, kann Lehrmeister von Kaisern und Königen werden. (13) Deshalb heißt es : Es gibt keinen, der nicht Stärke begehrt. Nur wenige können Unscheinbarkeit bewahren. (14) Doch wer dies kann, der beschützt sein Leben.

Der Heilige hegt diese (vier Eigenschaften), um den Situationen flexibel zu entsprechen. (15) Rollt man sie aus, so füllen sie (das Gebiet innerhalb der) Vier Meere ; doch zusammengerollt haben sie leicht im Busen Platz. (16) Um sie zu beherbergen braucht man kein Haus ; um sie zu beschützen braucht man keine Stadtmauer. Verbirg sie in deinem Busen und die feindlichen Staaten werden sich dir fügen.

In den "Militärischen Prognosen" heißt es :

> Wer weich und (zugleich) hart sein kann, dessen Staat wird in Glorie erstrahlen. Wer (zugleich) schwach und stark sein kann, dessen Staat wird

in aller Pracht dastehen. Doch wer ausschließlich weich und ausschließlich schwach ist, dessen Land wird sicherlich zerstört werden, ebenso wie das Land dessen unvermeidlich untergehen wird, der ausschließlich hart und ausschließlich stark ist.

Der richtige Weg, den Staat zu regieren, besteht darin, sich auf die Weisen und das Volk zu stützen. Man muß den Weisen vertrauen wie dem (eigenen) Bauch und der (eigenen) Brust, und das Volk gebrauchen wie die (eigenen) vier Gliedmaßen, dann werden sich die Vorhaben restlos erfüllen. Wohin man auch geht, (es wird so sein) wie sich Rumpf und Glieder gegenseitig folgen, und so wie die zwei Teile eines Gelenkes sich gegenseitig helfen. (17) (Diese) himmlische Ordnung (t'ien-tao) ist ganz natürlich und ihre Genialität ist lückenlos.

Das Wichtigste im Militär und im Staat ist, die Gesinnung der Massen sorgfältig zu prüfen und die Vielzahl der Angelegenheiten durchzuführen :
Denjenigen, die sich in Gefahr befinden, Sicherheit zu geben ; die, die sich fürchten, zu trösten ; denen, die rebelliert haben, eine Rückkehr zu ermöglichen ; denen, die einem Unrecht zugefügt haben, zu verzeihen ; wenn jemand sich beschwert, dann (den Sachverhalt) zu untersuchen ; die Niederen in ihrem Stand zu heben ; diejenigen zu zügeln, die (zu) stark sind ; die zu vernichten, die sich feindselig zeigen ; die Habgierigen reichlich zu versorgen ; diejenigen, die willig sind, einzusetzen ; die, die sich fürchten, zu decken ; die, die Strategien entwickeln, zu
1.2a sich zu holen ; die, die andere verleumden, zu verwerfen ; diejenigen, die den Ruf (anderer) schädigen, zurückzuweisen ; die Selbstzufriedenen zu dämpfen ; die, die sich einem zuwenden,

herbeizurufen ; die, die sich unterwerfen (wollen), aufzunehmen (18), und die, die sich ergeben, straffrei ausgehen zu lassen. (19)

Hat man eine feste Stellung erobert, so (gilt es), sie aufrechtzuerhalten. Ist ein Engpaß eingenommen, (so muß man) ihn abriegeln. Hat man eine schwer einzunehmende Stelle erobert, (dann muß man) dort (die Truppen) konzentrieren. Wenn man eine Stadt einnimmt, (dann muß man) sie aufteilen. Werden neue Gebiete erobert, (so müssen sie) gestückelt werden. Wenn Schätze erbeutet werden, (dann muß man) sie verteilen. (20) Bewegt sich der Feind, (so muß man) ihn genau beobachten ; nähert er sich, (dann muß man) Vorbereitungen treffen. Ist der Feind stark, (dann muß man) sich bescheiden verhalten, und wenn er ausgeruht ist, (so muß man) ihm ausweichen. Ist der Feind überlegen, (dann verhält man sich) abwartend, und wenn er grausam ist, (dann muß man) vom Kampf absehen. Auf Ungehörigkeit des Gegners reagiert man mit Rechtlichkeit, und wenn in der feindlichen Armee Eintracht herrscht, (so muß man) Zwietracht säen. (21) (Man muß den Feind) im Einklang mit den Umständen zurückwerfen und ihn gemäß der jeweiligen Machtsituation zerstören. Wer ungebührliche Reden führt, muß zurechtgewiesen werden. (Man muß den Tüchtigen) überall nachstellen. (22) Erlangte (materielle Güter) darf man nicht zu behalten trachten. Eingenommenes (Gebiet) darf man nicht (unter allen Umständen) zu verteidigen suchen. Die Bestürmung (einer Stadt) darf zu keiner langwierigen Aktion werden.(23) Ist (eine ordentliche Führung) eingesetzt, so darf man nicht angreifen.

Die Aktivität liegt an einem selbst, der Besitz aber geht an die Leute. Wie kann man nun wissen, wer den (größeren) Nutzen hat? - Die anderen werden Lehensfürsten, man selbst wird der Himmelssohn, der dafür sorgt, daß die Städte sich selbst verteidigen und die Leute sich selbst organisieren. (24)

Alle Welt kann die eigenen Vorfahren angemessen verehren, aber nur wenige können ihre Untergebenen gut behandeln. Die Vorfahren angemessen zu verehren, ist eine Sache der Blutsbande, aber seine Untergebenen gut zu behandeln, das ist (die Aufgabe des) Herrschers. Die Untergebenen gut zu behandeln heißt, sich um Ackerbau und Seidenraupenzucht zu kümmern und den Leuten nicht ihre Zeit zu rauben, geringe Grund- und Ertragssteuern zu erheben und sie nicht auszupressen, sie selten zu Fronarbeiten heranzuziehen und ihnen keine Mühsal zu
1.2b bereiten. Dann ist der Staat wohlhabend und die Familien sind vergnügt. Danach wählt man tüchtige Leute aus, um (das Volk) zu leiten und zu beaufsichtigen. Was hier als tüchtige Leute (s h i h) bezeichnet wird, das sind Männer von überragenden Fähigkeiten (y i n g - h s i u n g) .

Deshalb sagt man : Stelle den vortrefflichen Leuten nach, dann geht es mit dem feindlichen Staat zu Ende. Sie sind der Stamm eines Staates und das Volk ist seine Wurzel. Hat man erst einmal den Stamm in der Hand und die Wurzel für sich gewonnen, dann werden die Regierungsmaßnahmen durchgeführt und es gibt keine Unzufriedenheit.

Beim Einsatz von Militär ist größtes Gewicht darauf zu legen, daß die Riten hochgeschätzt und großzügige Gehälter gewährt werden. Werden die Riten hochgeschätzt, dann kommen kluge Leute herbei. Sind die Gehälter hoch, dann nehmen die rechtschaffenen Leute den Tod leicht. Deshalb darf man beim Besolden der Weisen nicht knauserig sein, und wenn es darum geht,

Verdienste zu belohnen, dann darf man nicht erst lange Zeit verstreichen lassen. So kann man bei seinen Untergebenen vereinte Stärke erreichen, und der feindliche Staat wird vernichtet werden.

Nun zu den Prinzipien beim Einsatz von Leuten : Ehre sie mit Rang und versieh sie mit Reichtum, dann kommen die fähigen Leute von selbst. Behandle sie in der ihnen zustehenden Form (l i) und ermuntere sie durch Rechtlichkeit, dann geben sie ihr Leben für dich.

Was den Heerführer angeht, so muß er unbedingt die selbe Lebensweise annehmen (25) wie seine Truppen, und er muß Sicherheit und Gefahr gemeinsam mit ihnen teilen. Dann kann gegen den Feind vorgegangen werden. (26) Daher gibt es in unserem Militär vollständige Siege, und beim Feind gibt es nur Entsprechendes. (27)

Aus früheren Zeiten gibt es ein Beispiel für das Verhältnis eines guten Heerführers gegenüber seinen Soldaten : Da war dem General ein Fäßchen noch trüben Weines geschenkt worden. Er ließ den Wein in den Fluß schütten und trank dann zusammen mit seinen Truppen von dem selben Wasser. (28) Nun kann der Wein eines einzigen Fäßchens zwar nicht dem Wasser eines ganzen Flusses einen Weingeschmack verleihen, aber jeder Soldat der gesamten Armee wird daran denken, sein Leben zu geben, weil auch er persönlich etwas von dem Wein abbekommen hat.

In den "Militärischen Prognosen" heißt es :

1.3a Solange der Brunnen für die Armee noch nicht fertig gegraben ist, redet der Heerführer nicht von Durst. Solange die Armeezelte nicht aufgestellt sind, sagt er nicht, er sei müde. Solange die

> Feldküche nicht angeschürt ist, spricht der Heerführer nicht von Hunger. (29) Im Winter zieht er keine Pelzkleidung an, im Sommer greift er nicht zum Fächer, und wenn es regnet, spannt er keinen Schirm auf. (30) Dies nennt man die richtigen Verhaltensformen (l i) eines Heerführers.

Gemeinsam mit seinen Leuten lebt er in Sicherheit und mit ihnen teilt er die Gefahren. Deshalb kann er bewirken, daß seine Truppen zusammenhalten und sich nicht von ihm absetzen. Er kann sie einsetzen und sie werden nicht müde (31), weil er von jeher reichlich Wohltaten erwiesen hat, und seine Planungen in Einklang (mit seinen Soldaten) waren.

Deshalb sagt man : Wird man nicht müde, reichlich Wohltaten zu erweisen, so kann man mit Einem (schließlich) Zehntausend gewinnen.

In den "Militärischen Prognosen" heißt es :

> Das, wodurch der Heerführer seine Autorität zum Ausdruck bringt, sind die Befehle. Das, womit man im Kampf den vollständigen Sieg erringt, ist das Militärwesen. Das, wodurch die Soldaten leichten Herzens kämpfen, ist, daß sie den Befehlen gehorchen.

Deshalb zieht der Heerführer keine Befehle zurück und teilt Belohnung und Strafe absolut verläßlich aus. Wenn (hierauf so Verlaß ist) wie (auf) Himmel und Erde, dann kann er die Leute lenken. (32) Erst wenn die Truppen seinen Befehlen gehorchen, kann er (feindliche) Grenzen überschreiten.

Der General ist es, der das Heer anführt und die Macht fest in der Hand hält. Die Masse (der Soldaten) ist es, die den Sieg erkämpft und den Feind vernichtend schlägt. Deshalb kann ein un-

fähiger Heerführer nicht dazu eingesetzt werden, eine Armee sicher zu erhalten, und eine störrische Truppe kann nicht dazu gebracht werden, gegen andere vorzugehen. Greift man (dann) eine Stadt an, so kann man sie nicht erobern ; will man eine Ortschaft einnehmen, so kann man sie nicht vernichten.
Wenn diese zwei (Vorhaben) erfolglos sind, dann sind die Soldaten mit ihrer Kampfkraft am Ende und erschöpft. Sind die Soldaten erschöpft und müde, dann steht der Heerführer allein und die Truppe wird aufrührerisch. (33) Bei einer Verteidigung fehlt jede Stabilität ; kommt es zum Kampf, dann flieht (die Truppe).
1.3b Dies nennt man "alte" Soldaten (lao-ping) . (34) Sind die Soldaten "alt", dann setzt sich die Autorität des Heerführers nicht durch. Hat er keine Autorität mehr, dann nehmen die Truppen seine Strafen nicht ernst. Nehmen sie die Strafen nicht ernst, dann verliert die Armee ihre Ordnung. Verliert die Armee ihre Ordnung, dann laufen die Truppen auseinander. Laufen sie auseinander, dann nützt der Feind die Gelegenheit aus. Nimmt der Feind die Gelegenheit wahr, dann geht die Armee unweigerlich zugrunde.

In den "Militärischen Prognosen" heißt es :

> Ein guter Befehlshaber führt seine Truppen folgendermaßen : Er legt bei anderen die gleichen Maßstäbe an wie bei sich und leitet so die Leute. (35) Er bringt ihnen Güte und Wohlwollen entgegen, dann wird die Kampfkraft seiner Leute täglich erneuert. Ihr Kampf gleicht einem Windstoß, der sich erhebt, und ihr Angriff gleicht einem Fluß, der seinen Damm durchbricht. (36)

Deshalb können seine Truppen zwar gesehen, aber nicht abgewehrt werden. Man kann sich ihnen nur unterwerfen (37), aber sie niemals besiegen. Indem der Heerführer persönlich in vorderster Reihe steht, werden seine Soldaten zu Elitetruppen des Reiches.

In den "Militärischen Prognosen" heißt es :

> In der Armee gibt es auf der einen Seite Belohnung, auf der anderen Seite Strafe.

Sind Belohnung und Strafe klar, dann setzt sich die Autorität des Heerführers durch. Wenn er im richtigen Sinn amtliche Stellen vergibt, dann gehorchen die Truppen. Sind die Leute, die er in Dienst nimmt, Weise, dann erzittert der feindliche Staat. (39)

In den "Militärischen Prognosen" heißt es :

> Wohin sich ein Tüchtiger auch begibt, er findet keinen feindlichen Widerstand vor sich.

Was deshalb die Soldaten angeht, so muß man sie mit Respekt behandeln (40) und darf ihnen gegenüber nicht hochmütig sein. Den Heerführern muß man Freude bereiten und darf ihnen keinen Grund zu Besorgnis geben. Pläne müssen profund sein und dürfen nicht in Zweifel gezogen werden. Denn wenn man zu den Soldaten hochmütig ist, dann sind die Untergebenen nicht gehorsam. Wird den Heerführern Grund zu Besorgnis gegeben, dann herrscht zwischen Innen und Außen (41) kein gegenseitiges Vertrauen. Werden die Pläne in Zweifel gezogen, dann erhebt sich der feindliche Staat. Wenn unter solchen Umständen ein Angriff geführt wird, dann ist Durcheinander das Resultat.

1.4a Der militärische Befehlshaber ist derjenige, von dem das Schicksal des Staates abhängt. Kann er Siege erringen, dann herrschen im Staat Sicherheit und Stabilität. (42)

In den "Militärischen Prognosen" heißt es :

> Ein Heerführer muß unbestechlich und kühl, gerecht und ordentlich sein können. Er kann Kritik akzeptieren, gerechte Urteile fällen und Leute aufnehmen. Er kann offen sein für die Worte anderer, die Gebräuche des Landes kennen und dessen geographische Gegebenheiten miteinbeziehen. Er kann Gefahren und Schwierigkeiten klar erkennen und die Gewalt über militärische Angelegenheiten richtig ausüben.

Deshalb sagt man : Die Klugheit der humanen und weisen Leute, die Überlegungen der Heiligen und Erleuchteten, die Worte der einfachen Leute, die Reden am Hof und die Tatsachen über Aufschwung und Niedergang - auf dies alles sollte ein Heerführer hören.

Wenn der General sich nach tüchtigen Leuten so sehnen kann, wie ein Dürstender (sich nach Trank sehnt), dann wird seinen Plänen Folge geleistet.

Lehnt der Heerführer Mahnungen ab, dann zerstreuen sich die fähigen Leute. Werden (ihre) Pläne nicht befolgt, dann stellen sich seine Strategen gegen ihn. Macht er keinen Unterschied zwischen Gut und Böse, dann werden verdienstvolle Untergebene träge. Handelt er selbstherrlich, dann geben seine Untertanen ihm die Schuld. Wenn er sich selbst rühmt, dann erbringen die Untergebenen wenig Verdienste. Schenkt er Verleumdungen Glauben, dann fällt die Truppe von ihm ab. Ist er gierig nach materiellen Gütern, dann lassen Schurken sich nicht zügeln. Beschäftigt er sich zu viel in den Inneren Gemächern, dann werden auch seine Truppen ausschweifend.

Hat ein Heerführer nur einen (von diesen genannten Fehlern), dann gehorcht ihm die Menge nicht mehr. Hat er zwei, dann ist die Armee ohne Ordnung. Hat er drei, dann laufen seine Untergebenen davon. Hat er vier, dann greift das Unheil auf den Staat über.

In den "Militärischen Prognosen" heißt es :

> Die Pläne des Heerführers müssen geheim sein ; die Mannschaften müssen eins sein ; Angriffe gegen den Feind müssen schnell sein.

Sind die Pläne des Heerführers geheim, dann werden schurkische Absichten verhindert. (43) Sind die Mannschaften eins, dann herrscht in der Armee Einigkeit. Werden die Angriffe gegen den Feind schnell ausgeführt, dann kommt dieser gar nicht dazu,
1.4b Vorbereitungen zu treffen. (44) Wenn sich die Armee an diese drei (Punkte) hält, dann schlagen die Pläne nicht fehl.

Falls die Pläne des Heerführers durchsickern, besitzt die Armee keine Schlagkraft. Wenn es von außen Einblick in innere Angelegenheiten gibt, dann ist das Unglück nicht aufzuhalten. Kommen materielle Güter in das (Militär-) Lager, dann versammeln sich dort viele Schurken. Treffen diese drei (Punkte) auf den Heerführer zu, dann wird seine Armee unvermeidlich besiegt.

Hat der General keine (-n Sinn für) Pläne, dann verlassen ihn seine Strategen. Besitzt er keine Tapferkeit, dann fürchten sich (auch) seine Truppen. (45) Ist er in seinen Bewegungen unüberlegt, dann ist das Heer nicht standfest. Wenn er seinen Ärger an anderen ausläßt, dann hat die gesamte Armee Angst.

In den "Militärischen Prognosen" heißt es :

> Pläne und Tapferkeit sind das, worauf der Heerführer großen Wert legen muß. Aktionen und Impulsivität sind das, wovon er (vorsichtig) Gebrauch machen soll. Diese vier (Punkte) sind klare Gebo-

te (46) für den Heerführer.

In den "Militärischen Prognosen" heißt es :

> Gibt es in der Armee kein Geld, dann kommen keine Leute. Gibt es in der Armee keine Belohnung, dann bleiben die Leute aus.

In den "Militärischen Prognosen" heißt es :

> Unter einem duftenden Angelköder hängt mit Sicherheit ein Fisch. Bei hoher Belohnung finden sich mit Sicherheit Männer, die zum Sterben bereit sind. (47)

Deshalb sind es die richtigen Formen (li), denen sich die Leute zuwenden, und die Belohnung ist es, für die sie sterben. Winke sie mit dem herbei, dem sie sich zuwenden (nämlich den richtigen Formen) und zeige ihnen das, wofür sie zu sterben bereit sind (nämlich Belohnungen), dann kommen die Leute, die man sucht. Wenn deshalb (der Heerführer zwar zuerst) die richtigen Formen übt, sich aber später nicht mehr daran hält, dann bleiben die Leute nicht. Wenn er Belohnungen vergibt, sich es danach aber wieder anders überlegt, dann lassen sich die Leute nicht von ihm einsetzen. Aber wenn er nicht müde wird, die richtigen Formen zu üben und Belohnungen zu vergeben, dann wetteifern die Leute darum, für ihn zu sterben.

In den "Militärischen Prognosen" heißt es :

> Ein Staat, der Truppen mobilisieren will, muß zuerst herausragende Güte praktizieren. Ein Staat, der einen Eroberungsfeldzug durchführen will, muß zuerst sein Volk richtig versorgen. Mit Wenigen die Vielen zu be-
> 1.5a siegen, das wird durch die Güte bewirkt. (48) Mit Schwachen die Starken zu besiegen, das geschieht durch das Volk.

Deshalb sorgt ein guter Heerführer für seine Leute nicht anders als für sich selbst. Wenn er daher veranlassen kann, daß die gesamte Armee ein Herz und eine Seele ist, dann wird sein Sieg vollkommen sein.

In den "Militärischen Prognosen" heißt es :

> Bei militärischen Einsätzen ist es von großer Wichtigkeit, zuerst die Situation des Gegners zu erforschen : seine Magazine zu betrachten, seine Lebensmittel (-vorräte) in Erwägung zu ziehen, seine Stärke abzuschätzen, die dortigen natürlichen Gegebenheiten zu untersuchen und seine Lücken auszuspähen. (49)

Wenn daher ein Staat, ohne in Kriegsnöten zu sein, Nahrungsmittel transportiert, so ist er leer. Sieht das Volk abgemagert aus, dann ist es verarmt. Wenn der Proviant erst 1000 li weit hergeholt werden muß, dann steht der Hunger dem Volk (50) schon im Gesicht geschrieben. Wenn erst Feuerholz und trockenes Gras gesammelt werden müssen um kochen zu können, dann ist in der Armee das Abendessen so knapp, daß morgens schon wieder Hunger herrscht. (51)

Wird der Proviant 100 li weit (heran-) transportiert (52), dann hat der Staat nicht genug Nahrungsmittel für ein Jahr ; wird der Proviant 200 li transportiert, dann hat der Staat nicht genug Lebensmittel für zwei Jahre ; und wenn der Proviant 300 li transportiert werden muß, dann hat der Staat nicht genug Lebensmittel für drei Jahre. Solch ein Staat ist leer. (53)

Ist der Staat leer, dann ist das Volk arm. Ist das Volk arm, dann herrscht keine Vertrautheit zwischen Oben und Unten. Dann greift der Feind den Staat von außen an, und das Volk bestiehlt ihn von innen. Dies nennt man unausweichlichen Zusammenbruch.

In den "Militärischen Prognosen" heißt es :

Wenn die Herrschenden sich grausam verhalten, dann verrohen die Untertanen. Wenn die Steuern und Abgaben drückend sind und mehrmals eingezogen werden, wenn die Strafen ohne Grenzen sind, dann fügt sich das Volk untereinander Schaden zu und raubt sich gegenseitig aus. So etwas nennt man einen dem Untergang geweihten Staat.

In den "Militärischen Prognosen" heißt es :

Innerlich habsüchtig und nach außen hin sauber sein ; einen Namen vortäuschen und Ruhm suchen ; die Öffentlichkeit berauben und dabei so tun, als wäre es Güte ;
1.5b bewirken, daß zwischen Oben und Unten keine klare Unterscheidung herrscht ; seinen Körper schmücken und sein Gesicht schön herrichten, um hohe Beamtenposten zu bekommen - dies nennt man Anzeichen für widerrechtliche Aneignung.

In den "Militärischen Prognosen" heißt es :

Wenn die Schar der kleinen Beamten sich zu Cliquen zusammenschließt, ein jeder nur ihm nahestehende Personen vorläßt, wenn lauter Schurken herbeigerufen und gefördert, und humane und weise Leute unterdrückt und niedergehalten werden, wenn man dem öffentlichen Wohl den Rücken kehrt (54) und sich um private Interessen kümmert, wenn Leute in gleichen Positionen sich gegenseitig verleumden - dies nennt man Ursprung aller Unordnung.

In den "Militärischen Prognosen" heißt es :

Wenn große Clans Schurken (um sich) sammeln ; wenn sie, ohne Positionen zu haben, sich verehren lassen ; wenn vor ihrer Autorität alles erbebt ; wenn sie sich wie Schlingpflanzen aneinander hochranken ; wenn sie Tugend und Wohlwollen zeigen, um damit die Macht derer zu rauben, die in Positionen sind ; wenn Übergriffe auf das untergebene Volk erfolgen und es so verächtlich behandelt wird, daß im Staat Zank und Streit herrschen und die Untertanen sich verborgen halten, so nennt man dies Wurzel der Unordnung.

In den "Militärischen Prognosen" heißt es :

Wenn Generation nach Generation Schurkereien begehen, durch Betrug oder Raub an wichtige Ämter kommen ; wenn sie - je nachdem wie es für sie mehr Nutzen bringt - in Aktion treten oder sich zurückziehen, wenn sie krumme Touren machen und an Dokumenten herumpfuschen, und dabei ihren Herrscher gefährden, dann spricht man von Staatsschädlingen.

In den "Militärischen Prognosen" heißt es :

Wenn die kleinen Beamten zahlreich sind, das Volk (hingegen) von geringer Zahl ; wenn es keinen deutlichen Unterschied zwischen Hoch und Niedrig gibt ; wenn Starke und Schwache einander berauben und es niemanden gibt, der geeignet wäre, Einhalt zu gebieten; wenn (dieser Zustand) bis auf die Edlen übergreift, dann erleidet der Staat hieraus Unheil. (55)

In den "Militärischen Prognosen" heißt es :

Wenn Leute, von denen man weiß, daß sie gut sind, nicht in Positionen eingestellt werden, und Leute, deren Schlechtigkeit man verabscheut, nicht aus ihren Ämtern entlassen werden ; wenn die Weisen sich verbergen und Unwürdige im Amt sind, dann trägt der Staat hieraus Schaden davon.

In den "Militärischen Prognosen" heißt es :

Wenn Zweige und Blätter (eines Baumes, im Gegensatz zum Stamm und den Wurzeln, die ihn versorgen) stark und groß sind ; wenn in Machtpositionen Vetternwirtschaft betrieben wird ; wenn niedere und gemeine Leute die guten tyrannisieren und dies mit der Zeit immer schlimmer wird, und wenn der Herrscher es nicht übers Herz bringt, solches zu beseitigen, dann wird der Staat daran untergehen.

In den "Militärischen Prognosen" heißt es :

Wenn ein kriecherischer Untertan an der Spitze steht,
1.6a dann herrscht in der ganzen Armee Streit. Wenn er seine Machtstellung dazu heranzieht, um sich selbst (alles) zu erlauben ; wenn er in seinem Tun der Masse zuwiderhandelt ; wenn er nicht (weiß, wann er) in Aktion treten oder sich zurückziehen muß ; wenn er sich auf unzulässige Weise ein Ansehen ergattert ; wenn er alles selbst in die Hand nehmen will ; wenn er bei allem, was er tut, mit seinen Verdiensten prahlt ; wenn er Leute von blühender Tugend verleumdet und sie als ganz gewöhnlich hinstellt ; wenn er keinen Unterschied zwischen Gut und Böse macht, und er nur will, daß alle so sind wie er selbst ; wenn er dringende Angelegenheiten aufschiebt und Befehle nicht mehr (bis zum Empfänger) durchdringen läßt ; wenn er eine zu strenge (56) Herrschaft errichtet, das Altbewährte verändert und das Bestandhabende abwandelt ; wenn der Herrscher solche kriecherischen Untertanen einsetzt, so erleidet er mit Sicherheit Unheil.

In den "Militärischen Prognosen" heißt es :

Wenn Leute, die zwar überragende Fähigkeiten, aber

> die Gesinnung von Schurken haben, sich gegenseitig Lob zusprechen, dann verhindern sie die Klarsicht des Herrschers. (57) Wenn Verleumdung und Hochloben gleichzeitig florieren, dann wird der Herrscher in seinem Urteilsvermögen behindert. Wenn jeder nur seinen privaten Interessen nachgeht, dann wird bewirkt, daß der Herrscher seine loyalen (Untertanen) verliert.

Wenn daher der Herrscher unterschiedliche Aussagen überprüft, kann er die ersten Anzeichen (der jeweiligen Entwicklungen) sehen. Beruft er Gelehrte und Weise, dann machen sich die Leute, deren überragende Fähigkeiten mit einer schurkischen Gesinnung gepaart sind, aus dem Staube. Stellt er alte (erfahrene) Leute an, dann werden alle Angelegenheiten geregelt. Beruft er (auch noch) Eremiten, dann sind tatsächlich alle fähigen Männer eingesetzt. Schließt er bei seinen Planungen auch die (Meinung von) einfachen Leuten ein, dann kann man wahrlich von Erfolg sprechen. Verliert er nicht die Zuneigung der Leute, dann herrscht Tugend im Übermaß.

2.1a Zweite Strategie

Die Drei Erhabenen (san-huang) gebrauchten keine Worte, und doch durchdrang ihr zivilisierender Einfluß (das Gebiet innerhalb der) Vier Meere. (58) Deshalb gab es im ganzen Reich niemanden, dem der Verdienst hierfür angerechnet wurde.

Die Kaiser (ti) verkörperten den Himmel und nahmen die Erde als Regel, sie gebrauchten Worte und Erlasse, und im ganzen Reich herrschte der Große Frieden (t'ai-p'ing) .

Fürst und Untertan traten einander Verdienste ab, und (innerhalb der) Vier Meere wirkte sich der zivilisierende Einfluß aus. Das einfache Volk wußte nicht, warum dies so war. So kam es dazu, daß die Untertanen nicht Riten noch Belohnungen erwarteten, und es gab nur Verdienste und Harmonie, aber keinen Schaden.

Die Könige (wang) lenkten die Leute durch ihre Ordnung (tao), und man ergab sich ihnen mit Herz und Willen. Sie stellten Regeln auf und trafen vorbeugende Maßnahmen gegen den Niedergang, und (innerhalb der) Vier Meere kam man in Harmonie zusammen. Die Amtsgeschäfte des Königs wurden nicht vernachlässigt. Zwar stand Kriegsgerät in Bereitschaft, doch gab es kein durch Krieg verursachtes Unheil. Der Fürst hegte kein Mißtrauen gegen den Untertan, und der Untertan hegte kein Mißtrauen gegen seinen Herrn. War der Staat gefestigt und lebte der Herrscher ohne Sorgen, dann traten die Minister mitPflichtgefühl zurück. Auch so konnte alles in Harmonie sein und es gab keinen Schaden.

Die Hegemonen (pa) lenkten ihre Leute durch Autorität, hielten sie durch ein Vertrauensverhältnis zusammen und motivierten sie durch Belohnungen. (59) Verfiel dieses Vertrauensverhältnis, dann entfernten sich ihre Leute von ihnen. Fehlte es an Belohnungen, dann gehorchten ihre Leute den Befehlen nicht.

In den "Machtsituationen der Armee" (60) heißt es :

> Die Armee ausrücken zu lassen und das Heer zu mobilisieren, liegt in der persönlichen Gewalt des Heerführers. Wenn Vorrücken und Rückzug vom Hof gelenkt
> 2.1b werden, ist ein Erfolg schwerlich herbeizuführen. (61)

In den "Machtsituationen der Armee" heißt es :

> Setze sowohl die Klugen, als auch die Tapferen, die Gierigen, wie auch die Dummen ein.
> Der Kluge findet Freude daran, Verdienste zu erstellen.

> Der Tapfere geht gerne seinen Ambitionen nach. Der Gierige sucht Vorteile für sich zu erhaschen, und der Dumme macht sich nichts daraus zu sterben.
> Man kann sie alle, entsprechend ihren ausgeprägtesten Veranlagungen, gebrauchen. Dies sind die subtilen Kunstgriffe in der Militärführung.

In den "Machtsituationen der Armee" heißt es :

> Stelle keine eloquenten Leute ein, die von den Vorzügen des Feindes reden, weil sie damit nur die Masse irreführen.
> Stelle keine gutherzigen Menschen zu Verwaltern über die Finanzen ein, denn sie würden viel davon verschenken und sich auf die Seite der Untergebenen stellen.

In den "Machtsituationen der Armee" heißt es :

> Verbiete Schamanen und Priester! Es darf nicht angehen, daß für die Heeresangehörigen das Orakel über Glück und Unglück der Armee befragt wird. (62)

In den "Machtsituationen der Armee" heißt es :

> Rechtschaffene Männer lassen sich nicht mittels materieller Güter anstellen.

Denn es ist so, daß ein Rechtschaffener nicht sein Leben für jemanden gibt, der keine Menschlichkeit besitzt, und ein Kluger keine Strategien für einen ignoranten Herrscher entwickelt.

Ein Herrscher darf nicht ohne Tugend sein. Hat er keine Tugend, dann rebellieren die Untertanen.
Er darf nicht ohne Prestige sein. Hat er kein Prestige, dann verliert er seine Autorität.

Auch der Untertan darf nicht ohne Tugend sein. Ist er ohne Tugend, dann hat er nichts, womit er seinem Fürsten dienen kann.

Er darf nicht ohne Prestige sein. Hat er kein Prestige, dann wird der Staat geschwächt. Doch wenn er zuviel Prestige besitzt, dann kommt er zu Fall.

Deshalb, als die Heiligen Könige die Welt lenkten, beobachteten sie Aufschwung und Niedergang, schätzten Gewinn und Verlust ab und machten dies zu ihrer Richtschnur.

Deshalb hat ein Lehensfürst zwei "Regimenter", ein Markgraf
2.2a befehligt drei, und der Himmelssohn sechs "Regimenter". (63)

Wenn die Welt in Durcheinander ist, dann entstehen Aufruhr und Rebellion. Wenn der durchdringende Einfluß des Königs erschöpft ist, dann bekriegen sich die Schwurbrüder untereinander. Wenn (zwei Gegner) an Tugend und Macht einander ebenbürtig sind, dann gibt es nichts, womit einer den anderen stürzen kann.

In solch einer Situation muß man die Herzen von Männern mit überragenden Fähigkeiten für sich gewinnen und das gleiche lieben und hassen wie die Masse (64), und sich danach zusätzlich an die sich ändernden Umstände anpassen.

Außer durch Pläne ist man deshalb nicht imstande, Argwohn auszuräumen und Zweifel zu beseitigen. Außer durch überraschende List kann man Schurken nicht zerschlagen und Feinde nicht matt setzen. Außer durch Geheimpläne kann man keinen Erfolg herbeiführen.

Die Heiligen verkörpern den Himmel, die Weisen nehmen sich die Erde als Regel, und die Klugen nehmen sich das Altertum als Vorbild.

Aus diesem Grunde sind die Drei Strategien für eine Zeit des Niedergangs gemacht.

Die Erste Strategie stellt (Regeln für) die Riten und Belohnungen auf, unterscheidet zwischen Schurken und fähigen Männern, und macht Erfolg und Niederlage deutlich.

Die Zweite Strategie differenziert tugendhaften Wandel und untersucht, wie man sich den sich ändernden Verhältnissen anpaßt.

Die Dritte Strategie legt den WEG und seine Wirkungskraft dar, untersucht Sicherheit und Gefahr, und macht das Unglück deutlich, das entsteht, wenn den Weisen Schaden zugefügt wird.

Wenn deshalb der Herrscher die Erste Strategie gründlich kennt, kann er tüchtige Männer anstellen und den Feind packen. Kennt er die Zweite Strategie gründlich, dann kann der General lenken und die Massen anführen. Kennt er die Dritte Strategie gründlich, dann kann er die Ursachen von Blüte und Niedergang verstehen, und er kennt die Richtschnur zum Regeln des Staates.

Wenn der Untertan die Zweite Strategie gründlich kennt, dann kann er seinen Erfolg sichern und sein Leben bewahren.

Denn es ist so : Wenn die hoch fliegenden Vögel tot sind, legt man den guten Bogen beiseite. Wenn die feindlichen Staaten vernichtet sind, dann ist das Ende für die Untergebenen, die die Pläne (hierzu) entworfen haben, gekommen. (65)

Dieses Ende bedeutet nicht, daß sie nun ihr Leben verlieren, sondern, daß sie ihres Prestiges beraubt, und ihrer Autorität enthoben werden. (Sie sollten) vom Hof belehnt, und mit den
2.2b höchsten Ministerposten versehen werden, um damit ihren Erfolg augenscheinlich zu machen. (Man gibt ihnen) ein gutes Lehen in einer der mittleren Provinzen (66), damit ihre Familien in Reichtum leben, dazu schöne Frauen und wertvolle Kostbarkeiten, um ihre Herzen zu erfreuen.

Sobald die Masse der Menschen einmal zusammengeschlossen

ist, sollte man sie nicht plötzlich trennen. Sobald Prestige und Autorität einmal gegeben sind, sollte man sie nicht plötzlich verlagern. Das Heer umkehren lassen und die Armee auflösen, das ist eine existenzentscheidende Phase.

Deshalb schwächt man (die entscheidenden Leute), indem man ihnen Positionen verleiht, und man beraubt sie (ihrer Macht), indem man ihnen ein Lehen gibt.

Dies nennt man die Strategie eines Hegemonen.

Was deshalb die Taten von Hegemonen betrifft, so gibt es darüber widersprüchliche Meinungen.

Das Fortbestehen der Erd- und Getreidealtäre (67) zu sichern und Männer von überragenden Fähigkeiten heranzuziehen, darin liegt die Macht der Zweiten Strategie.

Deshalb halten die Herrscher der Gegenwart (68) sie geheim.

3.1a Dritte Strategie

Wer in Zeiten der Gefahr dem ganzen Reich helfen kann, der wird den Frieden des ganzen Reiches sichern.
Wer die Sorgen des ganzen Reiches beseitigen kann, der wird die Freude des ganzen Reiches genießen.
Wer das ganze Reich aus dem Unglück retten kann, der wird das Glück des ganzen Reiches erlangen.

Wenn deshalb die Wohltaten das Volk erreichen, dann werden die Weisen sich einem zuwenden. Wenn die Wohltaten sich aber bis auf die geringsten Lebewesen (69) erstrecken, dann wenden sich einem die Heiligen zu.

Wem die Weisen sich zuwenden, dessen Staat wird stark sein.

Wem die Heiligen sich zuwenden, bei dem werden die sechs Richtungen (70) in Einklang stehen.

Trachte nach den Weisen durch Tugend (t e), und lasse die Heiligen aufgrund deiner richtigen Prinzipien (t a o) zu dir kommen!

Gehen die Weisen weg, so wird der Staat unbedeutend. Gehen die Heiligen weg, dann wird der Staat verdorben.
Unbedeutendheit ist die Vorstufe zur Gefahr ; Verderbtheit ist das Omen für den Untergang.

Der Regierung eines Weisen unterwerfen sich die Menschen körperlich. Der Regierung eines Heiligen ergeben sich die Menschen mit ihrem Herzen.
Wenn die Unterwerfung körperlicher Art ist, kann man den Anfang planen ; sind aber die Herzen ergeben, dann kann man den Ausgang sicherstellen.
Körperliche Unterwerfung geschieht durch die Riten (l i), aber daß sich die Menschen mit ihrem Herzen ergeben, geschieht durch Freude. (71)
Was hier als Freude bezeichnet wird, das sind nicht (nur) Metall, Stein, Seide und Bambus (72), sondern damit ist gemeint, daß die Menschen Freude haben an ihrer Familie, daß sie in ihrer
3.1b Sippe, ihren Beschäftigungen, in großen und kleinen Städten, an den Regierungserlassen und an dem Weg und seiner Wirkungskraft Freude finden.

Wenn das so ist, dann macht der Herrscher Musik, um sie zu regulieren (73), und um zu bewirken, daß die Harmonie (unter ihnen) nicht verloren geht.

Deshalb erfreut ein tugendhafter Herrscher mit dem, was Freude bereitet (74), andere Menschen. Ein Herrscher, der keine Tugend besitzt, erfreut mit dem, was Freude bereitet, nur sich selbst. Wer andere erfreut, wird lange währen und fortbestehen. (75) Wer nur auf seine eigene Freude aus ist, der wird nicht lange währen, sondern untergehen.

Wer das Nahegelegene aufgibt und nach Weitentferntem strebt, wird sich erschöpfen ohne Erfolg zu haben. Wer das Weitentfernte aufgibt und nach dem Nahegelegenen strebt, der wird ohne Mühen alles zu Ende bringen.

Eine Regierung, die dem Volk ein angenehmes Leben sichert, hat viele loyale Untertanen. Aber eine Regierung, die den Leuten das Leben sauer macht, zeitigt ein unzufriedenes Volk.

Deshalb heißt es : Wer nur darauf aus ist, sein Territorium auszudehnen, (dessen Land) wird veröden. Wer alles daran setzt, seine Tugend auszuweiten, der wird stark werden. (76)

Wer mit dem, was er hat, zufrieden sein kann, lebt in Frieden. Wer begehrt, was andere haben, ist grausam. Eine grausame und zerstörerische Regierung wird auf Generationen hinaus von Unglück heimgesucht werden. Wer in seinen Handlungen über das normale Maß hinausgeht, der wird trotz (anfänglicher) Erfolge unausweichlich eine Niederlage erleiden.

Sich selbst gehen zu lassen und andere zu lehren, ist ungehörig. Sich selbst zu berichtigen und positiven Einfluß auf andere auszuüben, ist angemessen.
Ungehörigkeit ruft Unordnung hervor. Angemessenheit ist beim Regieren von größter Wichtigkeit.

Der WEG, seine Wirkungskraft, Menschlichkeit, Rechtlichkeit und Riten - diese fünf sind eine Einheit. Der WEG ist das, was der Mensch beschreiten soll. Die Wirkungskraft ist das, was der Mensch erlangen soll. Menschlichkeit ist das, dem der

Mensch sich zuneigen soll. Rechtlichkeit ist das, was der Mensch tun sollte. Die Riten sind das, was der Mensch verkörpern soll.
3.2a Es geht nicht an, daß eines davon fehlt.

Früh aufzustehen und spät sich schlafen zu legen ist eine Regel der Riten. Räuber zu bekämpfen und sich an Feinden zu rächen, ist ein Grundsatz von Rechtlichkeit. Das Gefühl des Mitleids ist der Ausgangspunkt zur Menschlichkeit. Sich selbst in der Gewalt zu haben und andere zu gewinnen, das ist der Weg der Wirkungskraft. Dafür zu sorgen, daß die Menschen alle in geordneten Verhältnissen leben, und sie nicht verlieren, was ihnen zusteht, das ist die Wandlungskraft des WEGs.

Was vom Fürsten ausgeht und herab auf die Untergebenen kommt, bezeichnet man als "Anweisung" (ming). Wenn es auf Bambustäfelchen und Seidenstoffe übertragen wird, so bezeichnet man es als "Befehl" (ling). Wenn es respektiert und durchgeführt wird, dann bezeichnet man es als "Regierung".

Nun, wenn eine Anweisung fehlgeht, dann können Befehle nicht durchgeführt werden. Werden Befehle nicht durchgeführt, dann kann es zu keiner richtigen Regierung kommen. Wenn die Regierung nicht richtig ist, dann ist der WEG nicht passierbar. Wenn der WEG nicht passierbar ist, dann gewinnen die bösen Untertanen die Oberhand, und wenn böse Untertanen die Oberhand gewinnen, dann erleidet das Ansehen des Herrschers Schaden.

Tausend Meilen (zu gehen) um Weise zu empfangen, ist ein beschwerlicher Weg. Doch wer Unwürdige zu sich holen will, braucht nicht weit zu gehen.
Deshalb verzichtet der Erleuchtete König auf das Nahegelegene und greift sich das Weitentfernte. So kann er seinen Erfolg sichern, den Menschen ein Oberhaupt sein, und die Untertanen geben ihr Bestes für ihn.

Wenn nur e i n Gutes verworfen wird, so wird dadurch alles Gute geschwächt. Belohnt man nur e i n Böses, dann wendet sich alles Böse einem zu. Schützt man aber das Gute und bestraft man das Böse, dann ist der Staat im Frieden und alles Gute kommt herbei.

Wenn die Masse zweifelt, so gibt es keinen gesicherten Staat. Argwöhnt die Masse, dann läßt sich das Volk nicht regieren. Erst wenn die Zweifel ausgeräumt und der Argwohn beseitigt sind, kann der Staat in Frieden bestehen.

Wenn e i n undurchführbarer Befehl gegeben wird, dann sind hundert Befehle zunichte. Wenn e i n Böses getan wird,
3.2b dann häuft sich das Böse hundertfach. Deshalb tut man einem gehorsamen Volk Gutes, und man bestraft ein aufsässiges Volk. Dann werden die Befehle durchgeführt, und es entsteht kein Groll. (77)

Groll mit Groll zu vergelten, das heißt dem Himmel zuwiderhandeln. Wer Feindschaft mit Feindschaft vergilt, der wird rettungslos dem Unglück anheimfallen.

Man regiert das Volk so, daß man geordnete Verhältnisse schafft, und man bewirkt diese geordneten Verhältnisse durch Lauterkeit. Somit erlangt das Volk, was ihm zusteht, und das ganze Reich ist im Frieden.

Wenn Leute, die sich gegen die Obrigkeit auflehnen, Ehrung erfahren, und wenn Habgierige und Unwürdige zu Reichtum kommen, dann könnten selbst Heilige Könige keine Ordnung mehr herbeiführen. Wenn Leute, die sich gegen die Obrigkeit auflehnen, bestraft werden, und die Habgierigen und Unwürdigen unter Kontrolle gehalten werden, dann kann der Wandel zum Guten sich durchsetzen, und alles Böse wird vernichtet.

Lautere, ehrliche Leute kann man nicht mittels Rang und Gehalt für sich gewinnen. Moralisch integre Männer kann man nicht durch Prestige und Strafe einschüchtern. Der erleuchtete Herrscher, der Weise sucht, muß daher unbedingt acht geben, wodurch er dies erreichen könnte. Um lautere, ehrliche Männer zu gewinnen, kultiviert er den WEG. Erst dann kann er solche Männer gewinnen und seinen Ruf bewahren.

Der Heilige und Edle versteht die Ursachen von Blüte und Niedergang, versteht genau Anfang und Ende von Erfolg und Scheitern; er kennt die treibende Kraft hinter Ordnung und Unordnung, und weiß, wann es angebracht ist, zu gehen oder zu kommen.

Selbst wenn er arm wäre, würde er keine Stellung annehmen in einem Staat, der dem Untergang geweiht ist, und selbst wenn er am Ende wäre, würde er nicht von dem Gehalt leben, das ein in Unordnung geratenes Land ihm bietet.

Wer seine Identität verbirgt und den WEG in sich trägt, in Aktion tritt, wenn die Zeit reif ist, gelangt so in die höchsten Positionen. Wenn die Tugend (des Herrschers) mit der eigenen über-
3.3a einstimmt, dann stellt er beispiellose Erfolge auf. Daher ist sein WEGerhaben, und sein Name wird noch in späteren Generationen berühmt sein.

Der Heilige König hat keine Freude am Einsatz von Militär. Er setzt es ein um Ausschreitungen zu bestrafen und Unruhen zu unterdrücken.

Mit Rechtlichkeit die Nicht-Rechtlichkeit zu bestrafen, das ist, wie wenn man die Dämme von Flüssen öffnet und das Wasser über eine Fackel hereinbrechen läßt, oder, wie wenn man etwas, das am Rande eines Abgrundes steht und schon fallen will, noch einen Stoß versetzt : Der Erfolg tritt unweigerlich ein.

Daß er (ein Heiliger König) sich (trotzdem) abwartend und ruhig verhält und nicht einschreitet, liegt daran, daß Menschen und Dinge sonst großen Schaden erleiden würden.

Nun ist es so, daß Waffen unglückbringende Instrumente sind. Der himmlischen Ordnung sind sie verhaßt. Sie nur dann einzusetzen, wenn es unumgänglich ist, das entspricht der Ordnung des Himmels. (78)

Der Mensch, der sich im WEG befindet, ist gleich einem Fisch, der im Wasser ist : hat dieser Wasser, dann lebt er. Ist er ohne Wasser, so geht er zugrunde. Deshalb ist der Edle in beständiger Furcht und wagt nicht, den WEG zu verlieren.

Wenn die Starken Ämter erhalten, wird das Ansehen des Staates geschwächt. Wenn Leben und Tod in den Händen der Starken liegen, dann ist die Macht des Staates am Ende.
Nur wenn die Starken den Kopf senken, kann der Staat lange währen. Wenn Leben und Tod in den Händen des Herrschers liegen, kann der Staat in Frieden bestehen.

Wenn die vier Stände in ihren Funktionen nicht intakt sind (79), hat der Staat keine Reserven. Wenn die Funktion der vier Stände gewährleistet ist, herrscht im Staat Glück und Zufriedenheit.

Wenn weise Minister im Inneren sind, dann sind die bösen Minister draußen. Sind die bösen Minister innen, dann kommen die weisen Minister ums Leben.
Verlieren Innen und Außen ihre Ordnung, dann pflanzen sich Unglück und Unordnung auf Generationen fort. Wenn hohe Minister dem Herrscher mißtrauen, werden sich alle Schurken sammeln
3.3b und zusammenrotten. Wenn Minister statt des Fürsten verehrt werden, sind Oben und Unten durcheinander. Wenn der Fürst an der Stelle des Ministers steht, haben Oben und Unten ihre

Rangordnung verloren.

Wird den Weisen Schaden zugefügt, so erstreckt sich das Unheil bis auf die drei folgenden Generationen. Wer die Weisen an ihrem Wirken hindert, dessen Person wird Schaden dadurch erleiden. Wer den Weisen Mißgunst entgegenbringt, kann seinen Namen nicht aufrechterhalten.
Wenn man hingegen Weise in den Vordergrund treten läßt, wird dadurch Glück auf die Kinder und Kindeskinder kommen. Deshalb ist der Edle darauf bedacht, Weise zu fördern, und sein guter Ruf wird dadurch offenbar.

Wird einem einzigen genützt und dabei hundert anderen Schaden zugefügt, dann verläßt das Volk die Städte und Stadtmauern. Wird einem einzigen Nutzen gebracht und dabei zehntausend anderen Schaden zugefügt, dann steht der Staat kurz vor dem Zerfall.
Beseitigt man einen einzigen und nützt damit hundert anderen, dann bewundern die Menschen diese Güte. Beseitigt man einen einzigen und bringt damit zehntausend anderen Nutzen, dann wird die Regierung nicht in Unordnung geraten.

ANHANG I : Tabellen der Zitat-Dubletten (s. p. 24)

後漢書注	文選注	北堂書鈔	藝文類聚
	37.13b L		59.1059 L
	35.14b C	148.13b C	72.1246 C
74A.2398 L	44.9a L	117.9b C	
		115.3b(1) L	
		132.2b L	
30B.1078 L		33.2a L	20.363 L
		113.7b L	
		117.7b L	
		113.4a C	
		117.9a C	
		117.2a(1,2) C	
		117.5a L	

ANHANG I : Fortsetzung

初學記	開元占經	太平御覽		三略
		281.4a (3)	L	1.3b
26.634 C		281.4a (1)	L	}
		475.6a	C	} 1.2b
		760.8b	L	}
		845.2a	C	}
		271.1b	L	3.3a
		700.7b	L	} 1.3a
		273.3a	L	}
17.410 L		420.7a	L	3.3b
		281.4a (2)	L	1.2b
		271.1b	C	}
				} 1.3a-b
9.204 L		77.6b	L	2.1a
		301.5b	C	-
1.12 C	38.10a L	6.5 b	C	-
		340.5a	L	} -
		300.8a	L	}

ANHANG II : Textdifferenzen der verschiedenen Ausgaben

	武經七書	武經直解	四庫全書
1.1a,7	強者怨之所攻	強者人之所攻	強者人之所攻
1.1a,10	匡正八極	康正八極	康正八極
1.1b,2	動應事機	以應事機	以應事機
1.1b,3	卷之不盈懷	卷之不盈杯	卷之不盈杯
1.2a,1	反者廢之	反者廢之	反者廢之
1.2a,2	服者居之	服者活之	服者活之
1.2a,8	令士自取	令士自處	令士自處
1.2a,9	務耕桑	務耕桑	務農桑
1.2b,5	而敵國削	敵國削	敵國削
1.3a,1	軍幕未辦	軍幕未辦	軍幕未辦
1.3a,4	謀素和	謀素合	謀素合
1.3a,7	乃可御人	乃可使人	乃可使人
1.3a,8	制勝破敵者	制勝敗敵者	制勝敗敵者
1.3a,9	攻城則不拔	攻城不可拔	攻城不可拔
1.3a,10	衆悖	衆特	衆悖

1.3a,10	以戰則奔北	以戰則奔北	以戰則奔走
1.3b,1	兵老則	兵老則	老兵則
1.3b,4	怨己而治人	恕己而治人	恕己而治人
1.3b,7	則敵國震	則敵國畏	則敵國畏
1.4a,1	國之命也	國之命也	國家之命也
1.4a,1	將能清能靜	將能清能淨	將能清能靜
1.4a,4	負薪之言	負薪	負薪之言
1.4b,3	吏士恐	士卒恐	士卒恐
1.4b,5	將之明誡也	將之明誡也	將之明誡也
1.4b,6	必有懸魚	必有死魚	必有死魚
1.4b,7	必有死夫	必有勇夫	必有勇夫
1.5a,5	民有飢色	士有飢色	士有飢色
1.5a,6	運糧百里	運粮千里	運糧千里
1.5a,7	是國虛	是國虛	是謂國虛
1.5a,9	賦斂重數	賦重斂數	賦重斂數

1.5b, 2	背公立私	皆公立私	背公立私
1.5b, 4	國內譁諠	國內譁諠	國內諠譁
1.5b, 7	國受其咎	國受其害	國受其害
1.5b, 9	卑賤陵貴	卑賤陵貴	卑賤淩貴
1.5b, 10	國受其敗	國受其敗	國受其害
1.6a, 3	造作奇政	造作苛政	造作苛政
1.6a, 5	各阿所以	各阿所私	各阿所私
1.6a, 6	姦雄乃遯	姦雄乃遯	奸雄乃還
2.1a, 7	無闘戰之患	無鬪戰之患	無戰鬭之患
2.1a, 7	雖有甲兵之備	雖甲兵之備	雖甲兵之備
2.1b, 3	無使辯士	無使辯士	無使辨士
2.2a, 4	陰謀	陰計	陰計
2.2a, 4	賢者法地	賢人法地	賢人法地
2.2b, 2	威權一與	權威一與	權威一與
2.2b, 5	故世主祕焉	故勢主祕焉	故勢主祕焉

3.1b,3	久而而長	久而長	久而長
3.2a,5	政不正	政不立	政不立
3.2a,7	明王舍近而取遠	明君舍近而取遠	明君舍近而取遠
3.2b,4	雖有聖王	雖有聖主	雖有聖主
3.2b,7	而後士可致	然後士可致	然後士可致
3.2b,9	不食亂邦之祿	不食亂邦之粟	不食亂邦之粟
3.3a,5	若若魚之在水	若魚之在水	若魚之在水
3.3a,6	故君子者常畏懼	故君子常懼	故君子常懼
3.3a,9	四民用靈	四民用虛	四民用虛

ANHANG III : Textfragmente

Der Vollständigkeit halber sollen hier noch alle Textfragmente (i-wen 逸文) des San-lüeh aufgeführt werden, soweit sie nicht schon in den vorangegangenen Kapiteln vermerkt wurden.

T'ai-p'ing yü-lan 77.7a :

Die Tugend in (seinen) Dienst zu stellen, das ist "längs". Die Rechtlichkeit in (seinen) Dienst zu stellen, das ist "quer". Wer die Längsachse vollendet, ist König. Wer die Querachse vollendet, ist Hegemon. Die Soldaten des Königs nehmen sich den Himmel als Regel. Die Soldaten des Hegemonen nehmen sich die Erde als Regel. Was den Himmel betrifft, so ist seine Tugend unmessbar. Was die Erde betrifft, so ist ihre Autorität nicht vorauszuplanen. Das Unmessbare und Unplanbare sind Vater und Mutter der Zehntausend Dinge. (zitiert als San-lüeh) . (80)

T'ai-p'ing yü-lan 301.5b :

shang-Leute als Frontsoldaten einzusetzen, symbolisiert die Formation des Weißen Tigers ; yü - Leute als Frontsoldaten einzusetzen, symbolisiert die Formation des Dunklen Kriegers ; cheng - Leute als Frontsoldaten einzusetzen, symbolisiert die Formation des Roten Vogels ; chüeh- Leute als Frontsoldaten einzusetzen, symbolisiert die Formation des Blauen Drachen.(81)
Man nennt dies auch hsün-shih- Formation. (82)
(zitiert als Huang-shih kung chi)

T'ai-p'ing yü lan 301.6a :

Wenn jener in gerader Formation kommt, reagiere ich mit

einer viereckigen Formation; kommt eine viereckige, reagiere ich mit einer spitzen; kommt eine spitze, reagiere ich mit einer gekrümmten; kommt eine gekrümmte, reagiere ich mit einer geraden. Gerade entspricht Holz, viereckig Metall, spitz Feuer, gekrümmt Wasser, rund Erde. Auf jedes zu reagieren mit dem, was es bezwingt, heißt, es zu besiegen. (83)
(zitiert als Huang-shih kung chi)

T'ai-p'ing yü-lan 340.5a :
Wenn man den Zustand des Feindes kennen, und ein Anzeichen dafür haben will, ob man siegen kann, kämpft man zuerst in einer Formation von 28 Reitern. Die chüeh - Leute, grün gekleidet, mit roter Fahne, im Osten - 7 Leute. Die cheng - Leute, rot gekleidet, mit gelber Fahne, im Süden - 7 Leute. Die shang - Leute, weiß gekleidet, mit schwarzer Fahne, im Westen - 7 Leute. Die yü - Leute, schwarz gekleidet.mit grüner Fahne, im Norden - 7 Leute. Insgesamt 28 Reiter. Sie symbolisieren die 28 Sternhäuser. (84)
(zitiert als San-lüeh)

ANMERKUNGEN ZU pp. 69 - 105

1) chu-chiang 主將 hat im San-lüeh nicht die Bedeutung "oberster kommandierender Feldherr", sondern steht für "Herrscher" (人主, 君主) und "Heerführer, General" (將軍).

2) ying-hsiung 英雄 wird, wie sich an späteren Stellen zeigt, im Sinne von "Leute mit überragenden Fähigkeiten" und nicht in der engeren Bedeutung von "Helden" gebraucht.

3) Hsün-tzu 荀子 vertritt eine ähnliche Meinung in Buch IV : "Hence the only important point in military affairs is in getting the accord of the people" (Dubs, p. 158). Vgl. auch Sun-tzu (shih-chi) 1.1a : "By moral influence I mean that which causes the people to be in harmony with their leaders, so that they will accompany them in life and unto death without fear of mortal peril" (Griffith, p. 64).

4) Im Ch'ün-shu chih-yao 40.7b steht hieran anschließend : "Deshalb erniedrigen erleuchtete Herrscher und weise Minister sich selbst und erheben die anderen Menschen". Dieser Satz findet sich nicht im vorliegenden San-lüeh.

5) Die "Militärischen Prognosen", Chün-ch'an 軍讖 werden im 1. Kapitel des San-lüeh (und nur dort) insgesamt 24 mal zitiert. Weder über den Ursprung, noch über den Verbleib oder Verfasser einer solchen Sammlung von Prognosen ist irgend etwas bekannt. Zwar sind diese Zitate größtenteils gereimt, doch da auch andere Teile des San-lüeh in Reimform gehalten sind (z.B. im 3. Kapitel, das keinerlei Zitate anführt), und die vorkommenden Kontakte zwischen verschiedenen Reimkategorien in der Han-Zeit gängig waren, kann nicht gefolgert werden, daß die

"Militärischen Prognosen" zu einer anderen Zeit entstanden als die Drei Strategien. Es ist auffällig, daß der Schlußteil des ersten Kapitels nur noch aus aneinandergereihten Prognosen besteht, und man kann vermuten, daß eine angebliche Sammlung Chün-ch'an vom Verfasser der Drei Strategien mehrfach zitiert wird, um auf diese Weise seinem Text mehr Gewicht zu verleihen. Im Sun-tzu wird ein ähnliches Buch, das Chün-cheng 軍政 zitiert, von Giles als "The Book of Army Management" und von Griffith als "The Book of Military Administration" übersetzt. Während Giles das frühere Existieren einer so betitelten Sammlung von militärischen Maximen für nicht unwahrscheinlich hält, scheint für Griffith die tatsächliche (einstmalige) Existenz dieses Buches unzweifelhaft zu sein (vgl. Giles, p. 63 ; Griffith, p. 106).

6) vgl. Lao-tzu 36 und 78. Obwohl eine Interpretation dieser beiden Kapitel als Strategie von einigen Leuten abgelehnt wird (s. z.B. Chang Chung-yuan, pp. 102,204), bringt der Verfasser der Drei Strategien diesen taoistischen Gedanken jedoch eindeutig mit dem Militär in Verbindung.

7) ch'iang-che yüan chih so kung 强者怨之所攻
Die anderen Ausgaben setzen jen 人 statt yüan: "Der Starke ist der, den die anderen angreifen".

8) Hier wird die Aussage des vorhergehenden Satzes schon modifiziert. Die Überlegenheit des Schwachen und Weichen gilt nicht uneingeschränkt - gemäß den jeweiligen Situationen muß manchmal auch Stärke und Härte eingesetzt werden. Dieser Gedanke wird durch das nächste Zitat aus den "Militärischen Prognosen" noch verdeutlicht.

9) Vgl. Sun-tzu (hsü-shih) 2.2a-b : "Thus, one able to gain the victory by modifying his tactics in accordance with the

enemy situation may be said to be divine" (Griffith, p. 101).

10) t'ien-wei 天威 , entweder die Autorität des Himmels(-sohnes) oder aber die eigene "himmlische" Autorität.

11) pa-chi, eigentlich die 8 Himmelsrichtungen.

12) Zu den Neun Barbarenstämmen, die im Osten hausen, s. Lun-yü IX, 13 (Legge, p. 221); im Hou Han-shu ist ihnen das Kapitel 85 gewidmet, wo sie im einzelnen aufgezählt werden (85.2807).

13) Dies sind beinahe die selben Worte, die Huang-shih kung bei der Übergabe des Buches zu Chang Liang gesagt haben soll (s. auch pp. 9, 43).

14) wei 微 , Unscheinbarkeit, Subtilität. In der Gegenüberstellung von ch'iang 强 und wei , und der Überlegenheit des letzteren, zeigt sich wieder ein starker taoistischer Einfluß.

15) Das Wu-ching chih-chieh und das Ssu-k'u ch'üan-shu schreiben beide: "... um den Situationen zu entsprechen".

16) pu ying huai 不盈懷 , wörtlich: "füllen sie nicht einen Busen". Die beiden anderen Ausgaben schreiben statt dessen: pu ying pei 不盈杯 "füllen sie nicht einen Becher".

17) Vgl. Wei Liao tzu 2.1a, der den Truppenführer mit dem Herz eines Körpers und die Untergebenen mit den Gliedern vergleicht (s. Weigand, p. 75).
Im Ssu-ma fa 2.1b heißt es: "Der General ist der Körper, die Offiziere sind die Gliedmaßen und die Mannschaften sind die Finger und Daumen".

18) Die beiden anderen Ausgaben schreiben abweichend: "die, die sich unterwerfen (wollen), am Leben zu lassen".

19) Vgl. Wu-tzu 2.5a : "Thus you demonstrate to the people that you have no desire to oppress them. Those who wish to surrender should be allowed to do so, and permitted to live in peace" (Griffith, p. 167).

20) Vgl. Sun-tzu (chün-cheng) 2.3a. Dieser Satz wird von Giles und Griffith sehr verschieden übersetzt. Giles beruft sich auf den Kommentar von Tu Mu 杜牧 (803-52), weist auf den hier vorliegenden Satz aus dem San-lüeh hin und übersetzt : "When you plunder a countryside, let the spoil be divided amongst your men ; when you capture new territory, cut it up into allotments for the benefit of the soldiery." Bei Griffith lautet dieser Satz : "When you plunder the countryside, divide your forces. When you conquer territory, divide the profits." (Giles, p. 62 ; Griffith, p. 106).

21) hsi 攜 , bedeutungsgleich mit hsi 懏 und li 離 , trennen, auseinanderbringen.
Die ganze Aufzählung entspricht mutatis mutandis der Auflistung im Sun-tzu 1.1b ; bei Griffith, pp. 66-9.

22) ssu wang lo chih 四網羅之 . Eigentlich : "Fange sie in Netzen, die in den vier Himmelsrichtungen aufgestellt sind."

23) s. auch Sun-tzu (mou-kung) 1.3a, der eindringlich vor der Bestürmung von befestigten Städten warnt, da sie sich leicht in die Länge zieht und an Material und Kampfkraft der Truppe zehrt (bei Griffith : pp. 78-9).

24) Ich folge hier dem Kommentar von Liu Yin. Auch die Ssu-k'u ch'üan-shu Ausgabe schreibt tzu-ch'u 自處 . Liu meint, daß dieser Abschnitt lücken- oder fehlerhaft ist.

25) t'ung tz'u-wei 同滋味 , wörtlich : "Den gleichen Geschmack haben".

26) Vgl. Huai-nan tzu 15.14b : "Deshalb muß der Heerführer mit seinen Soldaten gemeinsam Süße und Bitternis (teilen) und auf Hunger und Kälte warten. So kann er erreichen, daß sie ihr Leben für ihn geben".
Vgl. auch "Ssu-ma ch'ien, Letter to Jen An (Shao-ch'ing) : (...) that Li Ling had always shared with his men, renouncing the sweet and dividing his short rations, so that he was able to get them to die for him - no famous general of antiquity surpassed him in this." (Birch, p. 98).
Auch über den General Li Kuang, Großvater des Li Ling, schreibt Ssu-ma Ch'ien im Shih-chi 109.2872 anerkennend : Kuang war aufrichtig, und jedesmal wenn er Belohnungen bekam, verteilte er sie an die, die unter seiner Fahne standen ; beim Essen und Trinken nahm er das gleiche wie seine Soldaten zu sich.

27) ti yu ch'üan yin 敵有全因. Liu Yin merkt an, daß das Zeichen yin nicht klar sei. Seki Shigehide hat in seinem Shichisho seigi die Variante : ti yu ch'üan ch'iu 囚 ... und der Feind wird ausnahmslos gefangengenommen.

28) Vgl. Lü-shih ch'un-ch'iu 呂氏春秋, Buch IX, Kap. 2 : "Der König von Yüo (Gou Dsiän) litt unter der Schmach vom Kuai Gi Berge. Er wünschte aufs innigste die Herzen des Volkes zu gewinnen, um in den Kampf auf Leben und Tod mit dem Staat Wu eintreten zu können. (...) Wenn es Wein gab, so goß er ihn in den Fluß, um ihn so mit seinem Volk zu teilen." (Wilhelm, pp. 107-8).

29) Vgl. Liu-t'ao 3.19b : "Wenn ein General ins Zelt geht, nachdem die ganze Armee sicher im Lager ist ; wenn er zum Essen geht, nachdem alle Mahlzeiten gar sind ; wenn er, ehe die Armee die Feuer entfacht hat, auch keines anmacht, dann nennt man ihn einen General, der seine Wünsche einschränkt" (Strätz, p. 76).

Der Wei Liao tzu 1.6b bringt ähnliche Beispiele : "Erst muß der Brunnen des Heeres vollendet sein, (so daß die Soldaten ihren Durst löschen können), dann darf er trinken; erst muß das Essen des Heeres gekocht sein, dann darf er essen ; erst muß der Schutzwall für das Heer fertig sein, dann darf er Rast machen." (Weigand, p. 72).
Vgl. auch Huai-nan tzu 15.14 a : "Erst nachdem die Mahlzeit für die Armee fertig war, wagte er zu essen ; erst nachdem der Brunnen für die Armee gegraben war, wagte er zu trinken. So teilte er Hunger und Durst."

30) Dieser Passus findet sich auch im Liu-t'ao 3.19 b : "Wenn ein General im Winter keinen Pelz anzieht, im Sommer keinen Fächer hält und bei Regen keinen Schirm aufspannt, dann nennt man ihn einen anständigen General." (Strätz, p. 75).
Vgl. auch Wei Liao tzu 1.6b : "In der Sommerhitze darf er kein Schutzdach aufspannen; in der Winterkälte darf er keine doppelten Kleider tragen." (Weigand, p. 72).
Ähnlich auch Huai-nan tzu 15.14 a : "In der Hitze spannte er keinen Schirm auf und in der Kälte trug er keine Pelze."

31) Dieser und der vorige Satz sind identisch mit einem Passus aus dem Wu-tzu 1.6b-7a.

32) Vgl. Wei liao tzu 5.6a : "Wenn die Belohnung klar ist, wie Sonne und Mond; wenn das Vertrauen (unfehlbar ist) wie (der Wechsel der) vier Jahreszeiten (...), daß dann Offiziere und Soldaten Befehle nicht befolgen, das habe ich noch nie vernommen." (Weigand, p. 121).

33) chung-pei 衆悖 ; ich folge hier der Ssu-k'u ch'üan-shu Ausgabe. Die Wu-ching ch'i-shu Ausgabe schreibt fälschlicherweise das Zeichen 㹀 (eine Variante von tzu 牸), das Wu-ching chih-chieh setzt das Zeichen t'e 特 .

34) Für die Verwendung des Zeichens lao 老 in Verbindung mit Truppen oder Soldaten, s. Tso chuan, Herzog Hsi, 28. Jahr : 師直為壯曲為老豈在久乎 . Legge (vol. V, p. 209) übersetzt etwas ungenau : "It is the goodness of its cause which makes an army strong; you cannot call it old because it may have served a long time." Vgl. auch Wei Liao tzu 1.6b : 如此師雖久而不老不弊 "Wenn das so ist, dann wird die Truppe - obgleich sie lange (in Dienst) ist, nicht schwach oder erschöpft sein." (Weigand, p. 72).

35) Die Wu-ching ch'i-shu Ausgabe schreibt hier : yüan-chi erh chih-jen 怨己而治人 "(Wenn etwas fehlschlägt), dann macht er sich selbst Vorwürfe und so leitet er die Leute". Die beiden anderen Ausgaben schreiben stattdessen : shu-chi erh chih-jen 恕 . Ich folge letzterer Version.

36) Vgl. Sun-tzu (chün-cheng) 2.3a : "When campaigning, be swift as the wind;" (Griffith, p. 106).

37) hsia 下 , hier im Sinne von ti-shou hsia-hsin 低首下心 "sich unterwerfen".

38) Wörtlich : "In der Armee bildet Belohnung das Äußere und Strafe das Innere." Hier soll keine Präferenz aufgezeigt, sondern vielmehr angedeutet werden, daß es das eine ohne das andere nicht geben kann."

39) Die Wu-ching chih-chieh und Ssu-k'u ch'üan-shu Ausgabe schreiben : ... "dann fürchtet sich der feindliche Staat".

40) hsia 下 hat hier die Bedeutung von "mit Anstand, Respekt behandeln", wie z.B. in dem Ausdruck li-hsien hsia shih 禮賢下士 .

41) Unter "Innen und Außen" sind hier wohl Palast und Hof auf der einen Seite, und die draußen stationierten Soldaten auf der an-

deren Seite zu verstehen.

42) Vgl. Sun-tzu (tso-chan) 1.2b : "Hence what is essential in war is victory, not prolonged operations. And therefore the general who understands war is the Minister of the people's fate and arbiter of the nation's destiny". (Griffith, p. 76).

43) Die Geheimhaltung von Plänen, selbst gegenüber den eigenen Leuten, spielt sowohl im San-lüeh als auch im Sun-tzu eine entscheidende Rolle ; s. z.B. Sun-tzu (chiu-ti) 3.3b-4a : "He should be able of keeping his officers and men in ignorance of his plans. (...) He changes his methods and alters his plans so that people have no knowledge of what he is doing." (Griffith, pp. 136-7).

44) Vgl. Sun-tzu (chiu-ti) 3.3a : "Speed is the essence of war. Take advantage of the enemy's unpreparedness ; travel by unexpected routes and strike him where he has taken no precautions." (Griffith, p. 134).

45) Abweichend von der Wu-ching chih-chieh und Ssu-k'u ch'üan-shu Ausgabe, deren Version ich hier folge, schreibt die Wu-ching ch'i-shu Ausgabe : li-shih Offiziere und Soldaten.

46) Die Wu-ching ch'i-shu Ausgabe schreibt 䛲, ein Zeichen, das nirgends verzeichnet steht. Ich übersetze gemäß allen anderen Ausgaben das Zeichen chieh 誡 .

47) Vgl. Liu-t'ao 1.1b : "(...) Frißt ein Fisch seinen (den ihm entsprechenden) Köder, so hat man ihn fest an der Schnur. 'Frißt' ein Mensch sein Einkommen, so ist er dem Fürsten unterworfen. Daher : Hat man mit einem Köder einen Fisch gefangen, so kann man ihn töten.
Hat man mit dem Einkommen einen Menschen gefangen, so kann

man ihn ausnutzen. (...) (Strätz, p. 35).

48) i kua sheng chung che en yeh 以寡勝衆者恩也. Dieser chung 衆 -kua 寡 -Gedanke ist offensichtlich von Sun-tzu übernommen, der dieses Konzept entwickelt hat. S. dort z.B. (mou-kung) 1.3b ;(ping-shih) 1.4b ;(hsü-shih) 2.1b-2a ; entsprechend bei Griffith, pp. 82 ; 90; 98-9.

49) Das San-lüeh geht nicht explizit auf den Einsatz von Spionen ein, wie das im letzten Kapitel des Sun-tzu geschieht.

50) Die anderen beiden Ausgaben schreiben statt "Volk" shih "Soldaten".

51) Diese beiden Sätze sind identisch mit einem Passus im Shih-chi 92.2615. S. hierzu auch p. 43.

52) yün liang pai li 運糧百里. Wahrscheinlich sollte hier, in Übereinstimmung mit den anderen Textausgaben, anstatt 100 li (und im folgenden) 200 li, 300 li, jeweils 1000, 2000 und 3000 li stehen. Denn selbst bei den damaligen Transportmöglichkeiten konnten Entfernungen von 100 oder 200 li (3 li entsprechen in etwa 1 km) keine großen Schwierigkeiten bedeuten. Vgl. auch Sun-tzu (tso-chan) 1.2a, wo von Nahrungsmitteltransport über eine Entfernung von 1000 li gesprochen wird.

53) Das 2. Kapitel des Sun-tzu (tso-chan) beschäftigt sich mit der Ausrüstung der Armee. Dort heißt es unter anderem : "When a country is impoverished by military operations it is due to distant transportation ; carriage of supplies for great distances renders the people destitute." (Griffith, p. 72).

54) Die Wu-ching chih-chieh hat das Zeichen chieh 皆 "alle" statt pei 背 "den Rücken kehren". Der Kommentar von Liu Yin bezieht sich aber auf die hier vorliegende Version.

55) kuo shou ch'i ch'iu 國受其咎. Die beiden anderen Ausgaben schreiben hai 害 "Schaden" statt ch'iu.

56) Das Wu-ching ch'i-shu schreibt für k'o 苛 fälschlich ch'i 奇.

57) Vgl. Liu-t'ao 1.7a : "Wenn es unter den Beamten einige gibt, die Parteiungen bilden, die die Tüchtigen und Weisen unterdrücken und die Klarsicht des Fürsten verhüllen, dann beeinträchtigen sie die Entscheidungsgewalt des Königs." (Strätz, p. 48).

58) Es gibt verschiedene Theorien darüber, wer mit den Drei Erhabenen und den nachfolgend genannten (Fünf) Kaisern gemeint ist (s. Wu-te chung-shih shuo-hsia ti cheng-chih ho li-shih 五德終始說下的政治和歷史 von Ku Chieh-kang 顧頡剛, pp. 107-21). Diese Frage ist hier auch zweitrangig, da der Verfasser des San-lüeh mit der absteigenden Sequenz huang - ti - wang - pa lediglich den Niedergang vom Goldenen Zeitalter bis hinunter zu den sich bekriegenden Kleinstaaten aufzeigen will. Zu dieser Sequenz, wie sie z.B. auch im Kuan-tzu vorkommt, s. Rickett pp. 197-200, 222-3.

Zur Relevanz des Begriffes san-huang für die Datierung eines Textes, s. p. 12.

59) Mit den Hegemonen und den weiter oben genannten Königen sind wohl die Drei Könige (d.h. die Gründer der Dynastien Hsia, Shang und Chou) und die Fünf Hegemonen aus der Ch'un-ch'iu Zeit gemeint. Auch über die Identität dieser Fünf Hegemonen gibt es mehrere unterschiedliche Theorien.

60) Die "Machtsituationen der Armee", Chün-shih 軍勢, ist die zweite Sammlung von militärischen Maximen, die im San-lüeh - und hier nur im 2. Kapitel - zitiert wird. Zur ersten, den "Militärischen Prognosen", Chün-ch'an 軍讖, s.

Anmerkung 5).

Die Zitate aus dem Chün-shih sind nicht gereimt, ebensowenig wie der restliche Text des Chung-lüeh, in dem insgesamt nur 3 gereimte Passagen festzustellen sind. Gleich dem Chün-ch'an sind auch über das Chün-shih keinerlei Einzelheiten bekannt, und der Schluß liegt nahe, daß diese Zitate ebenfalls vom Verfasser der Drei Strategien in den Text eingebaut wurden, um ihm mehr Gewicht zu verleihen.

61) Das heikle Thema der Kompetenztrennung zwischen Herrscher und General findet in mehreren Militärtexten seinen Niederschlag, der deutlich zeigt, daß im damaligen chinesischen Militärwesen die Problematik eines Prinzen von Homburg unbekannt war :

Sun-tzu (mou-kung) 1.3b : "He whose generals are able and not interfered with by the sovereign will be victorious." (Griffith, p. 83).

Sun-tzu (chiu-pien) 2.3b-4a : "In general, the system of employing troops is that the commander receives his mandate from the sovereign to mobilize the people and assemble the army. (...) There are occasions when the commands of the sovereign need not be obeyed." (Griffith, pp. 111-2).

Sun-tzu (ti-hsing) 3.1b-2a : "If the situation is one of victory but the sovereign has issued orders not to engage, the general may decide to fight. If the situation is such that he cannot win, but the sovereign has issued orders to engage, he need not do so." (Griffith, p. 128).

Wei Liao tzu 2.5b : "(Beim Einsatz) gibt es keinen Himmel über ihm (= dem Befehlshaber), keine Erde unter ihm, keinen Herrscher hinter ihm, keinen Feind vor ihm, (von denen er beeinflußt werden könnte)." (Weigand, p. 85).

Liu-t'ao 3.18b : "Nachdem der General das Mandat empfangen hat, verbeugt er sich und meldet dem Fürsten : 'Ich habe ge-

hört : Der Staat kann nicht von draußen geordnet, die Armee nicht von drinnen gelenkt werden...' (...) Bei allen Angelegenheiten in der Armee hört man nicht (mehr) auf Befehle des Fürsten ; alles geht vom General aus. (...) Und es gibt weder oben himmlische, noch unten irdische Schranken, weder vorne einen ebenbürtigen Feind, noch hinten einen Fürsten." (Strätz, p. 73).
Yin-ch'üeh shan Han-mu chu-chien Sun Pin ping-fa 銀雀山漢墓竹簡孫臏兵法, p. 54 : "... having reins on the commander fails of victory." (Balmforth, pp. 352-3).

62) Tu Yu 杜佑 (735-812) hat in seinem Werk T'ung-tien 通典 149.2a eine Variante : "Im San-lüeh heißt es : In der Armee dürfen Schamanen und Priester nicht für die Heeresangehörigen Glück und Unglück (mittels) Schildkrötenpanzer- oder Schafgarben-Orakel (卜筮) (vorhersagen), weil dadurch die Heeresangehörigen verdorben und verwirrt werden".
Diese beiden archaischen Formen des Orakels waren normaler Bestandteil der Vorbereitungen zu Schlachten gewesen, wie sie Kierman anhand des Tso chuan rekonstruiert hat (s. Kierman, pp. 30-1), doch werden sie in keinem der Sieben Militärklassiker noch als praktikabel geschildert :
Sun-tzu (chiu-ti) 3.3b schreibt über den General : "He prohibits superstitious practices and so rids the army of doubts. Then until the moment of death there can be no troubles." (Griffith, pp. 136-7).
Sun-tzu (yung-chien) 3.6a : "What is called 'foreknowledge' cannot be elicited from spirits, nor from gods, nor by analogy with past events, nor from calculations. It must be obtained from men who know the enemy situation." (Griffith, p. 145).
Aus einigen Passagen im Wei Liao tzu ist ersichtlich, daß oft die Generäle selbst auf Omina achteten, doch macht der Ver-

fasser aus seiner Ablehnung solcher Praktiken kein Hehl : Wei Liao tzu 2.5b : "Heutzutage prüft der gewöhnliche Befehlshaber, ob es ein Unglückstag ist ; er wahrsagt aus dem Hsien-chih Stern ; er bringt (die Deutungen der) Risse der Schildkrötenschale in Einklang ; er vergleicht Glück und Unglück ; er beobachtet die Veränderungen der (fünf) Planeten und der (zwölf) Sternstationen, von Wind und Wolken.
(Auf diese Weise) wünscht er einen Sieg zu vollenden und einen Erfolg zu erringen ; ich halte das für schwierig. Denn, was den Befehlshaber betrifft, so darf er sich oben nicht beeinflussen lassen vom Himmel; unten darf er sich nicht beeinflussen lassen von der Erde ; in der Mitte darf er sich nicht beeinflussen lassen von den Menschen." (Weigand, p. 85).
Obwohl der Autor des Liu-t'ao zwar grundsätzlich davon ausgeht, daß auf der Welt Glück und Unglück beim Fürsten, nicht aber an den Zeiten liegen (1.2 b ; Strätz, p. 36), widmet er die Kapitel 28 und 29 (3.23 a - 25 a; Strätz, pp. 85-90) bestimmten Prognostikationsmethoden, u.a. mittels Stimmpfeifen und verschiedenfarbigen Auras, die über einer feindlichen Stadt liegen. Es sind Methoden, die, wie auch im Sun Pin, auf den Theorien von yin-yang und den Fünf Elementen beruhen.
Das Ssu-ma fa tut das Thema in einem Satz ab (2.2a) : "Rotte (den Glauben an) böse Vorzeichen aus".
Wu-tzu zeigt sich als einziger in der älteren Tradition verhaftet, indem er von Schildkröten-Orakel im Tempel der Vorfahren spricht (1.1b-2a ; Griffith, p. 152), doch ist ein Zurückgreifen auf Divination keineswegs obligatorisch, sondern vielmehr eine Entscheidungshilfe in unklaren Situationen (1.5a-b; Griffith, pp. 156-7).

63) Es ist nicht klar, für welche Zeit diese Einteilung galt, und welche Größenordnungen man sich hier vorzustellen hat. Das Chou-li

28.1b schreibt : "... 12 500 Mann bilden ein Heer (chün). Ein König hat 6 Heere, ein großer Staat 3, ein untergeordneter Staat 2, und ein kleiner Staat hat ein Heer. (...) 2 500 Mann bilden ein "Regiment" (shih) ".

64) Dieser Satz ist eine Wiederholung aus dem Shang-lüeh (1.1a).

65) Shih-chi 92.2627 : "Wenn die schlauen Hasen tot sind, werden die guten Hunde gekocht. Wenn es mit den hoch fliegenden Vögeln zu Ende ist, legt man den guten Bogen beiseite. Wenn der feindliche Staat zerstört ist, dann ist das Ende für die Untertanen, die die Pläne (hierzu) entworfen haben, gekommen".
Ähnlich auch Shih-chi 41.1746.

66) chung-chou shan-kuo 中州善國. Obwohl chung-chou auch gleichbedeutend mit chung-kuo "Reich der Mitte" ist, bedeutet es hier offenbar, daß man ein Lehen in der Mitte des Reiches, in einer zentral gelegenen Provinz, und nicht irgendwo in einem Grenzgebiet geben soll.

67) gemeint ist der Staat.

68) shih-chu 世主. Die anderen beiden Ausgaben schreiben shih-chu 勢主 "Machthaber".

69) hun-ch'ung 昆蟲, wörtlich : Insekten und Würmer.

70) die vier Himmelsrichtungen, Zenit und Nadir, d.h. der ganze Kosmos.

71) Im folgenden Abschnitt wird mit der Mehrdeutigkeit des Zeichens 樂 (lo , Freude ; yüeh , Musik) gespielt. Man würde schon an dieser Stelle - in Verbindung mit den zuerst erwähnten Riten - die Bedeutung "Musik" erwarten, doch stellt der nachfolgende Absatz die Bedeutung des Zeichens hier klar. Man kann hier die

Freude als übergeordneten Begriff, der auch die Musik beinhaltet, verstehen.
Zu dem Wortspiel mit 樂, vgl. auch den Passus aus den "Aufzeichnungen vom Pavillon des Betrunkenen Alten", T s u i - w e n g t' i n g c h i 醉翁亭記 von Ou-yang Hsiu 歐陽修 (O u - y a n g w e n - c h u n g c h i 歐陽文忠集 39.9a-10a): 宴酣之樂非絲非竹射者中弈者勝 "Die Freude bei ausgelassenen Trinkgelagen, das ist nicht Seide, ist nicht Bambus; beim Pfeilwerfen trifft man, beim Trinkspiel wird gewonnen."

72) Die vier Arten von Musikinstrumenten: Metall-, Stein-, Saiten- und Holzinstrumente.

73) n a i t s o y ü e h i c h i e h c h i h 乃作樂以節之. Hier ist mit 樂 offensichtlich die Musik gemeint, wie sie vor allem im Konfuzianismus als Hilfsmittel zum rechten Regieren genannt wird.
Vgl. aber H a n - s h u 30.1779, zum Thema Sexualtechniken (f a n g - c h u n g): 傳曰先王之作樂所以節百事也樂而有節則和平壽考 "In der Überlieferung heißt es: 'Die früheren Könige praktizierten Freude (!) und regulierten damit die Vielzahl der Angelegenheiten.' Wenn die Freude in Maßen gehalten wird, dann bringt sie Ausgeglichenheit und langes Leben."

74) i l o l o j e n 以樂樂人. Dieser Abschnitt wird auch im H o u H a n - s h u 18.695-6 als "Aufzeichnungen des Herrn vom Gelben Stein" zitiert. In dieser frühesten Version ist jedoch eine Mehrdeutigkeit des Zeichens l o nicht gegeben, denn es steht: i s o l o l o j e n 以所樂樂人 (s. auch pp. 25-6).

75) Das H o u H a n - s h u (loc. cit.) schreibt: ... "dessen Freude wird lange währen."

76) Das Ch'ün-shu chih yao 40.10a fährt hieran anschliessend fort : "Wo man ein Land veröden läßt, herrscht keine gute Regierung. Wo man Tugend ausbreitet, da sind die Untertanen aufrecht." Dieser Passus fehlt heute im textus receptus.

77) Im Ch'ün-shu chih-yao 40.10 a steht hieran anschließend: "und die Masse der Untertanen wird sich einem vertrauensvoll anschließen." Dieser Satz fehlt in der heute vorliegenden Version des San-lüeh.

78) Vgl. Lao-tzu 31.
Wei Liao tzu 2.5b : "Da die Waffen Werkzeuge des Unheils sind, da Kampf bedeutet, der Tugend zuwiderzuhandeln, und da der Befehlshaber ein Beamter ist, der den Tod (verbreitet), deswegen gebraucht man sie nur dann, wenn man gar nicht anders kann." (Weigand, p. 85).
Liu-t'ao 1.9a : "Obgleich die heiligen Könige die Waffen als 'unglückbringende Gerätschaften' bezeichneten, kamen sie doch nicht umhin, sie einzusetzen." (Strätz, p. 53).

79) ssu-min yung-hsü 四民用虛 (Das Zeichen ling 靈 statt hsü in der Wu-ching ch'i-shu Ausgabe ist ein offensichtlicher Fehler). Die vier Stände : Gelehrte, Bauern, Arbeiter und Händler.

80) Vom Stil her könnte dieses Zitat in das San-lüeh passen, doch inhaltlich ergeben sich keinerlei Übereinstimmungen. Die Begriffe "längs" und "quer" deuten vielmehr auf die Bündnispolitik aus der Zeit der Kämpfenden Staaten hin, weshalb ich auch die Ausdrücke Längs- und Querachse gebrauche.

81) shang, yü, cheng, chüeh - sind vier der Fünf Töne aus der chinesischen Musik, die auch den Fünf Elementen zugeordnet sind. Im Liu-t'ao ist ein ganzes Kapitel den Fünf Tönen

gewidmet (3.23a-24a ; Strätz, pp. 85-7), doch entspricht dort ihre Korrelation zu den verschiedenen Formationen nicht der Aufzählung hier.
In der chinesischen Astronomie werden der Weiße Tiger, Dunkle Krieger, Rote Vogel und Blaue Drachen auch als Sternkonstellationen angesehen, die jeweils einer Himmelsrichtung und Jahreszeit zugeordnet sind (s. dazu Schlegel, pp. 1-3, 49-72).

82) 旬始陳 . Hsün-shih ist ein Stern oder eine Sternkonstellation, die nicht identifiziert werden konnte. Im Shih-chi 27.1336 wird er folgendermaßen beschrieben : " Hsün-shih kommt neben dem Pei-tou (Ursa Major) zum Vorschein. In seiner Gestalt gleicht er einem Hahn. Wenn er wütend wird, ist er bläulich schwarz. Er symbolisiert die verborgene Schildkröte."
Dieses Textfragment findet sich auch im Pei-t'ang shu-ch'ao, doch ist dort die Reihenfolge der Sätze vertauscht, und der Nachsatz fehlt gänzlich.

83) Wie die genannten Formationen konkret ausgesehen haben, ist nicht klar. Die Kriegskunst des Sun Pin nennt die gerade und runde Formation (pp. 83-4 ; Balmforth, pp. 401-2), und zusätzlich die spitze Formation (pp. 89-90 ; Balmforth, pp. 411-2), doch fehlen nähere Erklärungen. Auch das Li Wei kung wen-tui 2.6b erwähnt kurz diese fünf Formationen (s. auch Boodberg, p. 58).

84) Auch hier wieder die Korrelation zwischen den vier Tönen, Farben und Himmelsrichtungen mit den 28 Sternhäusern (vgl. Anmerkung 81).
Im Pei-t'ang shu-ch'ao 117.5a findet sich eine gekürzte Version dieses Fragmentes :
Im Huang-shih kung San-lüeh heißt es : Wenn man den Zustand des Feindes kennen, und ein Anzeichen dafür haben will,

ob man siegen wird, kämpft man zuerst mit einer Formation von 28 Reitern, um ihn zu verwirren. Die insgesamt 28 Reiter symbolisieren die 28 Sternhäuser.

LITERATURVERZEICHNIS

1. Chinesisch

(Sofern Ausgaben nicht näher spezifiziert sind, handelt es sich um Ausgaben in Maschinensatz (typeset)).

Cha-i 札迻 von Sun I-jang 孫詒讓, (Shih-chieh shu-chü) Taipei 1964

Ch'an-wei shih-ming 讖緯釋名 von Ch'en P'an 陳槃, in : Kuo-li chung-yang yen-chiu yüan li-shih yü-yen yen-chiu so chi-k'an 國立中央研究院歷史語言研究所集刊 11 (1947) : 297-316

Chao-te hsien-sheng chün-chai tu-shu chih 昭德先生郡齋讀書志 von Ch'ao Kung-wu 晁公武, Ssu-pu ts'ung-k'an san-pien 四部叢刊三編 Ausgabe

Chiang T'ai-kung k'ao 姜太公考 von Tai Lo-chih 戴樂志 in : Chu Tung-jun 朱東潤 et al. (Hrsg.), Chung-hua wen-shih lun-ts'ung 中華文史論叢 1980.3 (Shang-hai ku-chi ch'u-pan she) Shanghai 1980 : 231-43

Chih-chai shu-lu chieh-t'i 直齋書錄解題 von Ch'en Chen-sun 陳振孫, Ssu-k'u ch'üan-shu chen-pen pieh-chi 四庫全書珍本別輯 Ausgabe

Chin-shu 晉書 von Fang Hsüan-ling 房玄齡, (Chung-hua shu-chü) Peking 1974

Ching-kuan so-yen 井觀瑣言 von Cheng Yüan 鄭瑗, Pao-yen t'ang mi-chi 寶顏堂秘笈 Ausgabe

Chiu T'ang-shu 舊唐書 von Liu Hsü 劉昫 et al., (Chung-hua shu-chü) Peking 1975

Chou Ch'in Han Wei chu-tzu chih-chien shu-mu 周秦漢魏諸子知見書目 von Yen Ling-feng 嚴靈峯 (vol. 4), (Cheng-chung shu-chü) Taipei 1977

Chou-li Cheng chu 周禮鄭注, Ssu-pu pei-yao 四部備要 Ausgabe

Ch'u-hsüeh chi 初學記 kompiliert von Hsü Chien 徐堅 et al., (Chung-hua shu-chü) Peking 1962

Ch'un-ch'iu shih-ch'i ti pu-ping 春秋時期的步兵 von Lan Yung-wei 藍永蔚, (Chung-hua shu-chü) Peking 1979

Ch'un-chu chi-wen 春渚紀聞 von Ho Wei 何薳, Hsüeh-chin t'ao-yüan 學津討原 Ausgabe

Chung-kuo ping-hsüeh hsien-ts'un shu-mu 中國兵學現存書目 von Lu Ta-chieh 陸達節, Reproduktion, (Chung-shan t'u-shu kung-ssu) Hong Kong 1969

Ch'ung-wen tsung-mu 崇文總目 kompiliert von Wang Yao-ch'en 王堯臣, Ssu-k'u ch'üan-shu chen-pen pieh-chi 四庫全書珍本別輯 Ausgabe

Ch'ün-shu chih-yao 群書治要 von Wei Cheng 魏徵 et al., Lien yü-i ts'ung-shu 連筠簃叢書 Ausgabe

Han hou-shu 漢後書 von Hua Chiao 華嶠, in: Ch'i-chia Hou Han-shu 七家後漢書 kompiliert von Wang Wen-t'ai 汪文臺, T'ai-p'ing Ts'ui Kuo-pang 太平崔國榜 Ausgabe von 1882

Han-shu 漢書 von Pan Ku 班固, (Chung-hua shu-chü) Hong Kong 1970

Han Wei Chin Nan-Pei-ch'ao yün-pu yen-pien yen-chiu 漢魏晉南北朝韻部演變研究 von Lo Ch'ang-p'ei 羅常培 und Chou Tsu-mo 周祖謨, (K'o-hsüeh ch'u-pan she) Peking 1958

Hou Han-shu 後漢書 von Fan Yeh 范曄, (Chung-hua shu-chü) Hong Kong 1971

Hou Han-shu pu-chu 後漢書補注 von Hui Tung 惠棟, Shih-hsüeh ts'ung-shu 史學叢書 Ausgabe

Hou-shan t'an-ts'ung 後山談叢 von Ch'en Shih-tao 陳師道 Pao-yen t'ang mi-chi 寶顏堂秘笈 Ausgabe

Hsi-shan hsien-sheng Chen wen-chung kung wen-chi 西山先生真文忠公文集 von Chen Te-hsiu 真德秀, Ssu-pu ts'ung-k'an cheng-pien 四部叢刊正編 Ausgabe

Hsien-Ch'in yün-tu 先秦韻讀 in : Chiang-shih yin-hsüeh shih-shu 江氏音學十書 von Chiang Yu-kao 江有誥 in : Yin-yün hsüeh ts'ung-shu 音韻學叢書, Chengtu 1939

Hsin T'ang-shu 新唐書 von Ou-yang Hsiu 歐陽修, (Chung-hua shu-chü) Peking 1975

Hsü tzu-chih t'ung-chien ch'ang-pien 續資治通鑑長編 von Li T'ao 李燾, (Shih-chieh shu-chü) Taipei 1964

Huai-nan tzu 淮南子 von Liu An 劉安, Ssu-pu pei-yao 四部備要 Ausgabe

Huang-shih jih-ch'ao 黃氏日抄 von Huang Chen 黃震, Ssu-k'u ch'üan-shu chen-pen erh-chi 四庫全書珍本二集 Ausgabe

I-lin 意林, von Ma Tsung 馬總, Ssu-pu pei-yao 四部備要 Ausgabe

I-wen lei-chü 藝文類聚 kompiliert von Ou-yang Hsün 歐陽詢 et al., (Chung-hua-chü) Peking 1965

K'ai-yüan chan-ching 開元占經 von Ch'ü-t'an Hsi-ta 瞿曇悉達, Heng-te t'ang 恒德堂 Ausgabe

Kuan-tzu t'an-yüan 管子探源 von Lo Ken-tse 羅根澤 (Chung-hua shu-chü) Shanghai 1931

Kuang hung-ming chi 廣弘明集 von Tao-hsüan 道宣, Ssu-pu pei-yao 四部備要 Ausgabe

Lü-t'ing chih-chien ch'uan-pen shu-mu 郘亭知見傳本書目 von Mo Yu-chih 莫友芝, Shanghai Sao-yeh shan-fang 上海掃葉山房 lithographische Ausgabe von 1923

Ming-shih 明史 von Chang T'ing-yü 張廷玉 et al., (Chung-hua shu-chü) Peking 1974

Nan-Sung ti tiao-pan yin-shua 南宋的雕版印刷 von Su Pai 宿白 in: Wen-wu 文物 Nr. 1, 1962: 15-28

Ou-yang wen-chung chi 歐陽文忠集 von Ou-yang Hsiu 歐陽修 Ssu-pu pei-yao 四部備要 Ausgabe

Pei-shih 北史 von Li Yen-shou 李延壽, (Chung-hua shu-chü) Peking 1974

Pei-t'ang shu-ch'ao 北堂書鈔 kompiliert von Yü Shih-nan 虞世南 et al., Photolitograph. Reprod. der Nan-hai K'ung-shih 南海孔氏刊本 Druck-Ausgabe von 1888, (Wen-hai ch'u-pan she) Taipei 1962

Pi-sung lou tsang-shu chih 皕宋樓藏書志 von Lu Hsin-yüan 陸心源, Wan-chüan lou 萬卷樓 Ausgabe von 1882

P'ien-tzu lei-pien 駢字類編, Reprod. der Palast-Ausgabe von 1727, (Hsüeh-sheng shu-chü) Taipei 1963

P'u-ch'eng hsien chih 浦城縣志 kompiliert von Weng Chao-t'ai 翁昭泰 et al., Reprod. der Ausgabe von 1900, in: Chung-kuo fang-chih ts'ung-shu 中國方志叢書 (vol. 96), (Ch'eng-wen ch'u-pan she) Taipei 1967

San-kuo chih 三國志 von Ch'en Shou 陳壽 , (Chung-hua shu-chü), Hong Kong 1971

San-kuo i-wen chih 三國藝文志 von Yao Chen-tsung 姚振宗 in : Erh-shih-wu shih pu-pien 二十五史補編 (vol. 3) (K'ai-ming shu-tien) Shanghai 1937

Shih-chi 史記 von Ssu-ma Ch'ien 司馬遷 , (Chung-hua shu-chü) Hong Kong 1963

Shih-i chia chu Sun-tzu ; fu chin-i 十一家注孫子附今譯 Übersetzung von Kou Hua-jo 郭化若 , 2. Auflage (Chung-hua shu-chü) Hong Kong 1976

Shuo-fu 說郛 kompiliert von T'ao Tsung-i 陶宗儀 , Reprod. der Han-fen lou 涵芬樓 Ausgabe, (T'ai-wan shang-wu yin-shu kuan) Taipei 1972

Ssu-k'u ch'üan-shu chien-ming mu-lu, Ch'in-ting 四庫全書簡明目錄 ; 欽定 kompiliert von Chi Yün 紀昀 et al., (Shih-chieh shu-chü) Taipei 1961

Ssu-k'u ch'üan-shu tsung-mu, Ch'in-ting 四庫全書總目, 欽定 kompiliert von Chi Yün 紀昀 et al., Reprod. der Ta-tung shu-chü Ausgabe von 1930 (I-wen yin-shu kuan) Taipei 1964

Ssu-k'u t'i-yao pien-cheng 四庫提要辨證 von Yü Chia-hsi 余嘉錫 , (Chung-hua shu-chü) Peking 1980

Sui-shu 隋書 von Wei Cheng 魏徵 et al. (Chung-hua shu-chü) Peking 1973

Sui-shu ching-chi chih k'ao-cheng 隋書經籍志考證 von Yao Chen-tsung 姚振宗 in : Erh-shih-wu shih pu-pien 二十五史補編 (vol. 4), (K'ai-ming shu-tien) Shanghai 1937

Sung hui-yao chi-kao 宋會要輯稿 von Hsü Sung 徐松 , photo-lithographische Ausgabe (Kuo-li Pei-p'ing t'u-shu kuan) Peking 193

Sung-shih 宋史 von T'o T'o 脫脫 et al. (Chung-hua shu-chü) Peking 1977

Sung-shih i 宋史翼, kompiliert von Lu Hsin-yüan 陸心源, Shih-wan chüan lou 十萬卷樓 Ausgabe

Sung-shu 宋書 von Shen Yüeh 沈約 (Chung-hua shu-chü) Peking 1974

T'ai-p'ing yü-lan 太平御覽 kompiliert von Li Fang 李昉 et al., Reprod. der Han-fen lou 涵芬樓 Ausgabe, 2. Auflage, (Chung-hua shu-chü) Peking 1963

T'ang hui-yao 唐會要 von Wang P'u 王溥 (Shih-chieh shu-chü) Taipei 1963

Tung-mou chi 東牟集 von Wang Yang 王洋, Ssu-k'u ch'üan-shu chen-pen ch'u-chi 四庫全書珍本初集 Ausgabe

T'ung-tien 通典 von Tu Yu 杜佑, Ssu-k'u shan-pen ts'ung-shu 四庫善本叢書 Ausgabe

Tzu-chih t'ung-chien 資治通鑑 von Ssu-ma Kuang 司馬光, 3. Auflage (Chung-hua shu-chü) Peking 1964

Tzu-lüeh 子略 von Kao Ssu-sun 高似孫, Ssu-pu pei-yao 四部備要 Ausgabe

Wei-shu 魏書 von Wei Shou 魏收, (Chung-hua shu-chü) Peking 1974

Wei Liao tzu chu-shih 尉繚子注釋, (Shang-hai ku-chi ch'u-pan she) Shanghai 1978

Wen-hsüan 文選 kompiliert von Hsiao T'ung 蕭統, photolithograph. Reprod. der Yu Mao 尤袤 Druckblock-Ausgabe des Wen-hsüan mit Kommentar von Li Shan, von 1811 (Shih-men t'u-shu yu-hsien kung-ssu) Taipei 1976

Wu-te chung-shih shuo-hsia ti cheng-chih ho li-shih 五德終始說下的政治和歷史 von Ku Chieh-kang 顧頡剛 in : Ch'ing-hua hsüeh pao 清華學報 6,1 (1930) : 71-268

Yin-ch'üeh shan Han-mu chu-chien Sun Pin ping-fa 銀雀山漢墓竹簡孫臏兵法, (Wen-wu ch'u-pan she) Peking 1975

Yin-ch'üeh shan Han-mu chu-chien Sun-tzu ping-fa 銀雀山漢墓竹簡孫子兵法, (Wen-wu ch'u-pan she) Peking 1976

Yü-hai 玉海 von Wang Ying-ling 王應麟, photolithograph. Reprod., basiert auf der gedruckten Ausgabe von 1352, ergänzt durch andere Drucke aus der Staatl. Zentralbibl. in Taipei (Ta-hua shu-chü) Taipei 1977.

2. Japanisch

Nagasawa Kikuya 長澤規矩也, Sō kampon kokukō meihyō shokō 宋刊本刻工名表初稿 in : Shoshigaku 書誌學 2,2 (1934) : 79-103

Seikadō bunko kanseki bunrui mokuroku ; seizoku 靜嘉堂文庫漢籍分類目錄, 正續, Reprod. der Ausgaben von 1930 und 1950 (Ta-li ch'u-pan she) Taipei 1969

Seki Shigehide 關重秀, Shichisho seigi 七書正義 (Kambun Text), Tanaka Sōei dō 田中宋栄堂 Ausgabe, Osaka 1842

Yasui Kōzan 安居香山 und Nakamura Shōhachi 中村璋八 Jūshū isho shūsei 重修緯書集成, vol. 6 (Meitoku shuppansha) Tokyo 1978

Yoshikawa Kojirō 吉川幸次郎, Kansansei "Kōkyō chokukai" no zengo; Kin Gen Min no kōgo no keikai ni tsuite 貫酸斎「孝經直解」の前後— 金元明の口語の經解について—

in : Yoshikawa Kojirō zenshū 吉川幸次郎全集 , vol. 15, pp. 319-32 (Chikuma shobō) Tokyo 1974

3. In westlichen Sprachen

Balmforth, Edmund Elliott, A Chinese Military Strategist of the Warring States : Sun Pin (unveröffentlichte Dissertation) New Brunswick, New Jersey 1979

Bauer, Wolfgang, "Der Herr vom Gelben Stein", Oriens Extremus 3 (1956) : 137-52

Bielenstein, Hans, "The Restoration of the Han Dynasty", The Museum of Far Eastern Antiquities, Bulletin No. 26 (1954) : 1-209

Birch, Cyril, Anthology of Chinese Literature, New York 1965

Boodberg, Peter Alexis, The Art of War in Ancient China. A Study based upon the Dialogues of Li, Duke of Wei, (unveröffentlichte Dissertation) Berkeley 1930

Chang, Chung-yüan, Tao : A New Way of Thinking, New York 1975

Dubs, Homer H., The Works of Hsüntze, London 1928, republished Taipei 1966

Dull, Jack L., A Historical Introduction to the Apocryphal (Ch'an-wei) Texts of the Han Dynasty (Mikrofilm-Xerographie der Dissertation von 1966) Ann Arbor, Michigan 1973

Frantzell, Lennart, Dr. Her's Comprehensive Essays on the Art of War, The Her bor-shyh bei luenn (Dissertation) Stockholm 1973

Griffith, Samuel B., Sun Tzu, The Art of War, Oxford 1963

Giles, Lionel, Sun Tzu On the Art of War, Shanghai u. London 1910, repr. Taipei 1964

Hightower, James Robert, "Chia Yi's 'Owl Fu'", Asia Major 7 (1959) : 125-30

Karlgren, Bernhard, "Grammata Serica, Script and Phonetics in Chinese and Sino-Japanese", The Museum of Far Eastern Antiquities, Bulletin No. 12 (1940) : 1-471

Kierman, Frank A., Jr., "Phases and Modes of Combat in Early China", Frank A. Kierman, Jr. (ed.), Chinese Ways in Warfare, Cambridge, Mass. 1974 : 27-66

Legge, James, The Chinese Classics (vols. I-V), Hong Kong 1960

van der Loon, Piet, "On the Transmission of Kuan-tzu", T'oung Pao II, 41 (1952) : 357-93

Navarra, Bruno, Das Buch vom Kriege. Der Militär-Klassiker der Chinesen, Berlin 1910

Rickett, W. Allyn, Kuan-tzu. A Repository of Early Chinese Thought (vol. I) Hong Kong 1965

Sadler, A.L., Three Military Classics of China, Sydney 1944

Schlegel, Gustave, Uranographie Chinoise, Leiden 1875, repr. Taipei 1967

Strätz, Volker, Luh-t'ao. Ein spätantiker Text zur Kriegskunst, Bad Honnef 1979

Sun Tze, Die Dreizehn Gebote der Kriegskunst, Deutsch von H.D. Becker, Einleitung Günter Maschke, München 1972

Ting, Pang-hsin, Chinese Phonology of the Wei-Chin Period : Reconstruction of the Finals as Reflexted in Poetry, Institute of History and Philology, Academia Sinica, Special Publications No. 65, Taipei 1975

Weigand, Jörg, Staat und Militär im altchinesischen Militärtraktat Wei Liao Tzu (Dissertation) Würzburg 1969

Wilhelm, Richard, Frühling und Herbst des Lü Bu We, Neuausgabe, Düsseldorf, Köln 1971

WÜRZBURGER SINO–JAPONICA

Band 1 Barbara Kandel: Wen Tzu - Ein Beitrag zur Problematik und zum Verständnis eines taoistischen Textes. 1974.

Band 2 Christel Ruh: Das Kuan-Ch'ang Hsien-Hsing Chi - Ein Beispiel für den 'Politischen Roman' der ausgehenden Ch'ing-Zeit. Versuch einer Analyse der Idee und Struktur der Kapitel 1 bis 30 und 60 des Werkes. 1974.

Band 3 Wolf Baus: Das P'ai-an ching-ch'i des Ling Meng-ch'u. Ein Beitrag zur Analyse umgangssprachlicher Novellen der Ming-Zeit. 1975.

Band 4 Cornelia Morper: CH'IEN WEI–YEN (977-1034) und FENG CHING (1021-1094) als Prototypen eines ehrgeizigen, korrupten und eines bescheidenen, korrekten Ministers der Nördlichen Sung-Dynastie. 1975.

Band 5 Helmolt Vittinghoff: Proskription und Intrige gegen Yüan-Yu-Parteigänger. Ein Beitrag zu den Kontroversen nach den Reformen des Wang An-shih, dargestellt an den Biographien des Lu Tien (1042-1102) und des Ch'en Kuan (1057-1124). 1975.

Band 6 Albert E. Dien: Pei Ch'i shu 45: Biography of Yen Chih-t'ui - Translation. 1976.

Band 7 Barbara M. Kaulbach: Ch'i Ju-shan (1875-1961). Die Erforschung und Systematisierung der Praxis des Chinesischen Dramas. 1977.

Band 8 Claudia von Collani: Die Figuristen in der Chinamission. 1981.

Band 9 Livia Knaul: Leben und Legende des Ch'en T'uan. 1981.

Band 10 Rainer Holzer: Yen-tzu und das Yen-tzu ch'un-ch'iu. 1983.

Band 11 Hans-Hermann Schmidt: Die Drei Strategien des Herrn vom Gelben Stein. *Huang-shih kung San-lüeh*. 1983.

Printed by
CPI books GmbH, Leck

FSC
www.fsc.org
MIX
Papier | Fördert gute Waldnutzung
FSC® C083411

Kolibri 360 GmbH
Ferdinand-Jühlke-Straße 7
99095 Erfurt, Deutschland
produktsicherheit@kolibri360.de